# Diversity Management

**Praxis der Personalpsychologie**
**Human Resource Management kompakt**
**Band 31**

Diversity Management

Prof. Dr. Jürgen Wegge, Prof. Dr. Klaus-Helmut Schmidt

Herausgeber der Reihe:

Prof. Dr. Heinz Schuler, Dr. Rüdiger Hossiep,
Prof. Dr. Martin Kleinmann, Prof. Dr. Jörg Felfe

Begründer der Reihe:

Heinz Schuler, Rüdiger Hossiep, Martin Kleinmann, Werner Sarges

**Jürgen Wegge**
**Klaus-Helmut Schmidt**

# Diversity Management

Generationenübergreifende
Zusammenarbeit fördern

**Prof. Dr. Jürgen Wegge**, geb. 1963. Studium der Psychologie an der Ruhr-Universität Bochum. 1994 Promotion. 2003 Habilitation. Seit 2007 Professor für Arbeits- und Organisationspsychologie an der TU Dresden. Arbeitsschwerpunkte: Arbeitsmotivation, Führung, demografischer Wandel, Arbeit und Gesundheit sowie Spitzenleistungen in Unternehmen.

**Prof. Dr. Klaus-Helmut Schmidt**, geb. 1952. Studium der Philosophie, Soziologie und Psychologie an der Ruhr-Universität Bochum. 1987 Promotion. 1994 Habilitation an der Universität Dortmund. Seit 1999 außerplanmäßiger Professor am Leibniz-Institut für Arbeitsforschung an der TU Dortmund, Projektgruppe „Flexible Verhaltenssteuerung". Arbeitsschwerpunkte: Arbeitsanalyse, Arbeitsbelastung und -beanspruchung, Arbeitsmotivation.

**Bibliografische Information der Deutschen Nationalbibliothek**

Die Deutsche Nationalbibliothek verzeichnet diese Publikation in der Deutschen Nationalbibliografie; detaillierte bibliografische Daten sind im Internet über http://dnb.dnb.de abrufbar.

Hogrefe Verlag GmbH & Co. KG
Merkelstraße 3
37085 Göttingen
Tel.: +49 551 999 500
Fax: +49 551 999 50 111
E-Mail: verlag@hogrefe.de
Internet: www.hogrefe.de

Umschlagbild: © Picture-Factory – Fotolia.com
Satz: ARThür Grafik-Design & Kunst, Weimar
Druck: Media-Print Informationstechnologie, Paderborn
Printed in Germany
Auf säurefreiem Papier gedruckt

1. Auflage 2015
© 2015 Hogrefe Verlag GmbH & Co. KG, Göttingen
(E-Book-ISBN [PDF] 978-3-8409-2384-5; E-Book-ISBN [EPUB] 978-3-8444-2384-6)
ISBN 978-3-8017-2384-2
http://doi.org/10.1026/02384-000

# Inhaltsverzeichnis

| | | |
|---|---|---|
| **1** | **Diversity Management im demographischen Wandel** ................................. | 1 |
| 1.1 | Definition von Diversity.............................. | 3 |
| 1.1.1 | Diversity als Spaltung der Gruppe ..................... | 3 |
| 1.1.2 | Diversity als Vielfalt ............................... | 3 |
| 1.1.3 | Diversity als Ungleichheit ........................... | 5 |
| 1.1.4 | Diversity als Verwerfungslinien in sozialen Einheiten (Faultlines) ...................................... | 6 |
| 1.2 | Effekte von Diversity ............................... | 8 |
| 1.3 | Effekte von Diversity Management ..................... | 13 |
| 1.4 | Bedeutung für das Personalmanagement ................ | 16 |
| 1.5 | Betrieblicher Nutzen ................................ | 17 |
| **2** | **Theorien und Modelle** ............................ | 18 |
| 2.1 | Allgemeine Erkenntnisse zur Gruppenzusammensetzung ... | 18 |
| 2.2 | Das Vier-Wege-Modell der Teamzusammensetzung ...... | 19 |
| 2.3 | Alter und berufliche Leistungen...................... | 27 |
| 2.4 | Entwicklung eines Modells für die Zusammenarbeit von Jung und Alt........................................ | 31 |
| 2.4.1 | Salienz von Altersunterschieden und Konflikte im Team ... | 34 |
| 2.4.2 | Wertschätzung von Altersunterschieden ................ | 36 |
| 2.4.3 | Altersvorurteile und Altersdiskriminierung ............. | 39 |
| 2.4.4 | Teamklima und Altersunterschiede .................... | 41 |
| 2.4.5 | Aufgabenanforderungen.............................. | 43 |
| 2.4.6 | Individuelles Alter und Gesundheit in altersgemischten Teams ............................................. | 44 |
| 2.4.7 | Eine Zwischenbilanz ................................ | 45 |
| **3** | **Analyseinstrumente und Maßnahmen-empfehlungen** ..................................... | 47 |
| 3.1 | Diversity-Analysen ................................. | 47 |
| 3.2 | Das ADIGU-Training für Führungskräfte in altersgemischten Teams .................................... | 50 |
| 3.3 | Definition und Messung alter(n)sgerechter Führung ....... | 52 |
| 3.3.1 | Allgemeine Prinzipien alter(n)sgerechter Führung ........ | 54 |
| 3.3.2 | Führung älterer Mitarbeiter .......................... | 55 |
| 3.3.3 | Führung jüngerer Mitarbeiter......................... | 56 |
| 3.3.4 | Befunde zur Wirksamkeit alter(n)sgerechter Führung..... | 57 |
| 3.3.5 | Jung führt Alt ...................................... | 59 |
| 3.4 | Angebote aus der Praxis für die Praxis: Das Demographie Netzwerk ......................................... | 60 |

**4**    **Vorgehen beim Diversity Management** . . . . . . . . . . . . 62

4.1    Demographiefeste Personalstrategien . . . . . . . . . . . . . . . . 62
4.1.1   Handlungsfeld Altersdiskriminierung . . . . . . . . . . . . . . . . 64
4.1.2   Handlungsfeld Personalrekrutierung und Personal-
          bindung. . . . . . . . . . . . . . . . . . . . . . . . . . . . . . . . . . . . . . . 66
4.1.3   Handlungsfeld Kompetenzentwicklung . . . . . . . . . . . . . . . 71
4.1.4   Handlungsfeld Arbeitsmotivation . . . . . . . . . . . . . . . . . . . 73
4.1.5   Handlungsfeld Gesundheitsförderung und Arbeits-
          organisation . . . . . . . . . . . . . . . . . . . . . . . . . . . . . . . . . . . 76
4.1.6   Handlungsfeld Veränderung der „Wahrnehmung von
          Diversität" . . . . . . . . . . . . . . . . . . . . . . . . . . . . . . . . . . . . 84
4.2    Was funktioniert in Klein- und Kleinstbetrieben? . . . . . . . . 86
4.3    Mögliche Probleme . . . . . . . . . . . . . . . . . . . . . . . . . . . . . 87

**5**    **Fallbeispiel: Führungskräftetraining „Alters-**
      **heterogenität im Team als Ressource erkennen**
      **und nutzen"** . . . . . . . . . . . . . . . . . . . . . . . . . . . . . . . . . . 89

5.1    Trainingsmodul I: Altersheterogenität als Ressource
         erkennen . . . . . . . . . . . . . . . . . . . . . . . . . . . . . . . . . . . . . 91
5.1.1   Einstieg in das Training . . . . . . . . . . . . . . . . . . . . . . . . . . 91
5.1.2   Sensibilisierung für Heterogenität . . . . . . . . . . . . . . . . . . 92
5.1.3   Sensibilisierung für Heterogenität als Ressource . . . . . . . . . 95
5.1.4   Sensibilisierung für förderliche und hinderliche Rahmen-
         bedingungen . . . . . . . . . . . . . . . . . . . . . . . . . . . . . . . . . . . 97
5.2    Trainingsmodul II: Altersheterogenität als Ressource
         nutzen . . . . . . . . . . . . . . . . . . . . . . . . . . . . . . . . . . . . . . . 98
5.2.1   Alter(n)sgerechtes Führen . . . . . . . . . . . . . . . . . . . . . . . . 98
5.2.2   Altersstereotype . . . . . . . . . . . . . . . . . . . . . . . . . . . . . . . 100
5.2.2.1 Begriffsbestimmung von Altersvorurteilen . . . . . . . . . . . . . 101
5.2.2.2 Wirkungsweise von Altersvorurteilen . . . . . . . . . . . . . . . . . 102
5.2.2.3 Handlungsoptionen: Altersvorurteile abbauen . . . . . . . . . . . 103
5.2.3   Wertschätzung von Altersheterogenität . . . . . . . . . . . . . . . 104
5.2.3.1 Begriffsbestimmung von Wertschätzung von Alters-
         heterogenität . . . . . . . . . . . . . . . . . . . . . . . . . . . . . . . . . . . 104
5.2.3.2 Wirkungsweise der Wertschätzung von Altershetero-
         genität . . . . . . . . . . . . . . . . . . . . . . . . . . . . . . . . . . . . . . . . 105
5.2.3.3 Handlungsoptionen: Wertschätzung der Altershetero-
         genität aufbauen . . . . . . . . . . . . . . . . . . . . . . . . . . . . . . . . 106
5.2.4   Feedback und Verabschiedung . . . . . . . . . . . . . . . . . . . . . 107
5.3    Transferworkshop . . . . . . . . . . . . . . . . . . . . . . . . . . . . . . 107
5.3.1   Begrüßung und Einstieg . . . . . . . . . . . . . . . . . . . . . . . . . . 108
5.3.2   Wiederholung zentraler und Vertiefung ausgewählter
         Trainingsinhalte . . . . . . . . . . . . . . . . . . . . . . . . . . . . . . . . 108
5.3.3   Zusammenfassung zentraler Handlungsoptionen . . . . . . . . . 109

5.3.4  Erfahrungsaustausch über die Umsetzung der Handlungs-
       optionen . . . . . . . . . . . . . . . . . . . . . . . . . . . . . . . . . . . . . . .  109
5.3.5  Fazit, Feedback und Verabschiedung . . . . . . . . . . . . . . . . . .  109

**6      Literaturempfehlungen** . . . . . . . . . . . . . . . . . . . . . . . . .  110

**7      Literatur** . . . . . . . . . . . . . . . . . . . . . . . . . . . . . . . . . .  111

**Auswertung des Wissenstests zum Thema
„Älter werden" (Einsteckkarte)** . . . . . . . . . . . . . . . . . .  118

## Karten:

Bausteine des Führungskräftetrainings „Altersheterogenität im Team als Ressource erkennen und nutzen"

Wissensquiz zum Thema „Älter werden"

Fragebogen zur Messung alter(n)sgerechter Führung (FAF-16)

# 1 Diversity Management im demographischen Wandel

Der Begriff „Diversity" steht in der Managementforschung für die Verschiedenartigkeit oder Vielfalt von Menschen, die in einer sozialen Einheit vorzufinden sind. Diversity ist also ein Phänomen, das auf der Analyseebene von Arbeitsgruppen, Abteilungen oder Organisationen definiert und untersucht wird.

> Diversity *Management* hat hierbei das Ziel, durch eine konstruktive (proaktive) Anerkennung, Wertschätzung und Gestaltung von Unterschieden zwischen Menschen in sozialen Einheiten die Potenziale der Vielfalt für eine effektive und innovative Erfüllung von Arbeitsaufgaben zu fördern und den möglichen Nachteilen der Vielfalt entgegenzuwirken (Langhoff, 2009).

*Potenziale der Vielfalt nutzen*

Dies impliziert, dass für spezielle, oft unterrepräsentierte Personengruppen wie z. B. ältere Arbeitnehmer, Frauen oder Menschen mit Migrationshintergrund zunächst auch ein Einbeziehungsmanagement („Inclusion"-Management) erfolgt, das den *Zugang* (inclusion) dieser Personen in das Unternehmen und die Chancengleichheit bei Beförderungen etc. sicherstellt (Hays-Thomas & Bendick, 2013; Lindsey, King, McCausland, Jones & Dunleavy, 2013). Entsprechende Programme werden daher oft als „Diversity & Inclusion"-Management-Konzepte diskutiert, wobei hier dann in der Regel angestrebt wird, dass die Belegschaft eines Unternehmens so unterschiedlich sein sollte wie die Kunden, Märkte, Produkte etc. dieses Unternehmens es erfordern.

Folgt man den Ergebnissen von Umfragen bei großen Unternehmen (Engeser, 2011; Kaufmann, 2011), ist das „Vielfalts- und Einbeziehungsmanagement" ein sehr lohnendes Unterfangen. Man erwartet, dass dies hohe Gewinne mit sich bringt, weil damit u. a. der Zugang zu neuen Märkten und Investitionsmitteln verbessert, die Kreativität der Mitarbeiter erhöht und Prozesskosten bei Streitigkeiten mit Minderheiten (z. B. wegen Diskriminierung nach dem Allgemeinen Gleichbehandlungsgesetz, AGG) reduziert werden. Zudem steigt die Attraktivität des Unternehmens insgesamt, was die Anwerbung neuer und den Verbleib bereits beschäftigter Topkräfte erleichtert und – vermittelt über eine geringere Fluktuation – auch eine Kostensenkung im Personalbereich mit sich bringt.

*Erwartungen an Vielfalts- und Einbeziehungsmanagement*

Sind diese Erwartungen tatsächlich gut begründet? Welche Programme bzw. Trainings wären zu empfehlen? Und welche Konsequenzen hat hierbei der in Deutschland in vielen Branchen zunehmend spürbare *demographische*

1

*Wandel*? Die Zahlen hierzu sind gut bekannt: Die <u>deutsche Bevölkerung altert und schrumpft gleichzeitig</u>. Insbesondere der Anteil der erwerbsfähigen Bevölkerung wird stark zurückgehen (von 49,7 Millionen in 2008 auf 37,2 Millionen in 2050), wobei sich die Alterszusammensetzung ebenfalls deutlich verändert, weil insbesondere der Anteil der *älteren* Arbeitnehmer (50 bis 65 Jahre) in der Erwerbsbevölkerung bis 2020 auf 40,3 % steigt (Statistisches Bundesamt, 2009). Politische Bestrebungen zur Bewältigung dieser demographischen Trends resultierten u. a. in einem früheren Berufseinstieg sowie einer <u>Verlängerung der Lebensarbeitszeit</u> durch das Heraufsetzen des Renteneintrittsalters auf <u>67 Jahre</u>. Beide Maßnahmen erhöhen die Altersspanne der Mitarbeiter (Altersdiversität) in Organisationen. Für die Unternehmen wird es damit zunehmend von Bedeutung sein, die Arbeitsfähigkeit aller noch verfügbaren Beschäftigten zu erhalten und neue, bisher nicht voll ausgeschöpfte „Reservegruppen" für die Arbeit in zunehmend altersheterogenen Gruppen zu mobilisieren. Der demographische Wandel – *Wir schrumpfen, altern und werden gleichzeitig immer „bunter"* – das zeigt diese kurze Analyse, ist also eng mit Diversity Management verknüpft.

Unser Buch gibt einen aktuellen Überblick des Forschungsstandes zu den Formen, Chancen und Problemen von Diversity in sozialen Einheiten sowie den Typen, Zielen und auch Nutzen von organisationalen Diversity-Programmen. Ein wichtiges Ergebnis unserer Ausführungen wird sein, dass es *genauso viele Gründe für wie gegen die Vielfalt in Teams und Organisationen gibt*. Will man die erhofften Gewinne der Vielfalt durch Einbeziehung demographierelevanter (Reserve-)Gruppen, wie z. B. Frauen oder ältere Arbeitnehmer, für die Lösung des wachsenden Facharbeitermangels realisieren, kommt es also darauf an, *wie* man dies konkret angeht. Hier gibt es zahlreiche Stolpersteine, die der Leser nach der Lektüre des Buches besser erkennen und vermeiden kann. Einfach Jung und Alt in einem Team zusammen arbeiten zu lassen hat beispielsweise mehr Nachteile als Vorteile. Die generationenübergreifende Zusammenarbeit in Arbeitsgruppen erfordert ein spezifisches Management, damit sie die erhofften Früchte trägt. Unser Anliegen ist es, dass die zahlreichen Abbildungen, Tabellen und insbesondere auch das ausführlich dargestellte Training, das wir für die Förderung der Zusammenarbeit in altersgemischten Teams und der alter(n)sgerechten Führung entwickelt haben (vgl. Kap. 2.4, 3.2 und 5), dabei helfen können, hier die richtigen Dinge zur richtigen Zeit zu tun.

Im Folgenden betrachten wir zunächst, wie man bisher in der Forschung versucht hat, Erkenntnisse zu den Auswirkungen von Diversity zu gewinnen. Sowohl die vorhandene Empirie als auch die wichtigsten theoretischen Ansätze sprechen dafür, dass Manager eine sehr komplexe Aufgabe zu bewältigen haben, wenn sie Diversity Management in Organisationen erfolgreich einführen, begleiten und unterstützen wollen. <u>Dies beginnt damit, Diversity erst einmal genau zu definieren und zu messen.</u>

Alterszusammensetzung in der Erwerbsbevölkerung

Zusammenarbeit in altersgemischten Teams

2

## 1.1 Definition von Diversity

Es gibt noch keine einvernehmliche Berechnungsvorschrift zur Bestimmung der Heterogenität (synonym: Diversität) einer Organisation, Abteilung oder Gruppe. Zur Beschreibung der Zusammensetzung werden verschiedenste Kennzahlen herangezogen, etwa Maximal- und Minimalwerte, Mittelwerte, Varianzen und Distanzmaße. Da solche Werte für mehrere Merkmale (z. B. Alter, Geschlecht, Ausbildung, Nationalität etc.) bestimmt werden können, besteht zusätzlich die Möglichkeit, die ermittelten Maße erneut zu aggregieren, z. B. indem man sie zu einem Gesamtmaß addiert. Die Vielzahl dieser Kennwerte erschwert allerdings einen Vergleich der einzelnen Studien, die Auswirkungen von Diversität untersucht haben. Harrison und Klein (2007) haben daher versucht, hier etwas Ordnung zu schaffen, indem sie drei verschiedene Grundtypen von Diversität unterscheiden (vgl. Tab. 1). Wir haben dies in der Tabelle am Beispiel der Altersunterschiedlichkeit im Team verdeutlicht und beschreiben die drei Typen nachfolgend genauer.

*Vielfalt von Kennwerten erschwert Vergleiche*

### 1.1.1 Diversity als Spaltung der Gruppe Nachteil

Die Spaltung einer Gruppe bezieht sich auf die Vielfalt der Gruppenmitglieder entlang einem horizontal gedachten Kontinuum, etwa mit Blick auf Meinungen, Werten und Überzeugungen. Die Unterschiede reflektieren Uneinigkeit und Widerspruch innerhalb einer Gruppe. Minimale Unterschiede liegen vor, wenn alle Gruppenmitglieder die gleiche Position auf dem Kontinuum einnehmen. Homogenität wird als vorteilhaft betrachtet, unabhängig davon, ob alle Mitglieder der Gruppe hohe oder niedrige Ausprägungen auf der entsprechenden Skala haben. Im Gegensatz dazu tritt eine maximale Spaltung der Gruppe dann ein, wenn die Gruppenmitglieder an den entgegengesetzten Endpunkten des Kontinuums lokalisiert sind. In Theorie und Forschung wird dieser Diversity-Typ vor allem mit der *Theorie der sozialen Kategorisierung* verbunden, in der negative Auswirkungen von Diversity wegen der Bildung von Subgruppen und damit korrelierter Diskriminierung erwartet werden (vgl. Kap. 2.2 und 2.4.1). Die Standardabweichung (SD) oder die mittlere euklidische Distanz sind besonders gut geeignet, die Spaltung als Diversitätsmerkmal zu erforschen.

*Mit der Bildung von Subgruppen geht oft eine Diskriminierung anderer einher*

### 1.1.2 Diversity als Vielfalt Vorteil

Die Vielfalt von Gruppenmitgliedern bezieht sich nach Harrison und Klein (2007) in erster Linie auf ihr Wissen und ihre Erfahrung. Gruppenmitglieder unterscheiden sich diesbezüglich eher qualitativ als quantitativ (z. B. bezüglich ihrer Ausbildung, ihrer Nationalität oder der Dauer der Betriebszugehörigkeit). Darüber hinaus sind aber alle Kategorien von gleichem Wert,

*Wissens- und Erfahrungsvielfalt*

**Tabelle 1:**

Hauptmerkmale verschiedener Diversity-Typen und deren Bedeutung für die Messung von Altersdiversität in Teams
(nach Harrison & Klein, 2007)

| Diversity-Typ | Bedeutung | Relevante Attribute | Maximale Alters-diversität | Veran-schaulichung | Skalen-Typ | Index |
|---|---|---|---|---|---|---|
| **Separation** (*Spaltung*) | Personen-Unterschiede auf einem *horizontalen* Kontinuum | Einstellung, Werte, Überzeugungen | jeweils die Hälfte im Team ist sehr jung oder sehr alt | | Intervall | Standard-Abweichung, euklidische Distanz |
| **Variety** (*Vielfalt*) | Personen-Unterschiede bzgl. Art einer Kategorie | Wissen, Expertise, Berufserfahrung | Gleichverteilung über die angelegten Alterskategorien | | kategorial | Blau-Index, Teachman-Entropie-Index |
| **Disparity** (*Ungleichheit*) | Personen-Unterschiede auf einem *vertikalen* Kontinuum | Einkommen, Autorität, Status oder Prestige | eine Person ist sehr alt, die anderen alle eher jung | | rational | Variations-Koeffizient (CoV); Gini-Index |

obwohl in einem bestimmten Kontext die eine Kategorie günstiger sein wird als die andere. Minimale Vielfalt tritt auf, wenn alle Gruppenmitglieder der gleichen Kategorie angehören; maximale Vielfalt, wenn jedes Mitglied einer Gruppe aus einer anderen Kategorie stammt. Theoretisch erweitert die Vielfalt das Verhaltensrepertoire einer Arbeitsgruppe durch die Erhöhung der kognitiven, emotionalen oder behavioralen Ressourcen. Diese Konzeption von Diversity ist eng mit der Forschung zur Informationsverarbeitung in Teams verbunden (vgl. Kap. 2.2 und 2.4.1). Vielfalt sollte demnach eher positive Auswirkungen auf die Gruppenleistung haben, insbesondere wenn neue Aufgaben zu bearbeiten sind oder Innovation gefragt ist. Der Blau-Index oder der Teachman-Entropie-Index liefern geeignete Maße zur Quantifizierung von Vielfalt (zur Berechnung dieser Maße siehe Harrison & Klein, 2007).

### 1.1.3 Diversity als Ungleichheit

Ungleichheit definiert die Vielfalt der Gruppenmitglieder entlang einem *vertikal* gedachten Kontinuum, das in erster Linie mit Status, Einkommen, Macht und Autorität verbunden ist. Die Unterschiede beziehen sich hier also auf sozial erwünschte Größen, bei denen *mehr* in der Regel *besser* ist. Minimale Ungleichheit tritt auf, wenn alle Gruppenmitglieder die gleiche Position auf einem bestimmten Kontinuum haben, maximale Ungleichheit, wenn nur ein Mitglied der Gruppe hoch, alle anderen Mitglieder aber niedrige Werte aufweisen. Diese Form der Ungleichheit ist ein zentraler Begriff in der Soziologie. Die theoretisch beste Messung von Ungleichheit wird durch den Variationskoeffizienten oder den Gini-Index erzielt, weil beide Maße empfindlich auf Ausreißer reagieren, etwa wenn ein Teammitglied erheblich mehr Geld als alle anderen verdient oder wenn eine Person im Team 64 Jahre alt ist, alle anderen aber zwischen 20 und 30 Jahren (vgl. Tab. 1).

Ein Vergleich dieser drei Konzeptionen von Diversität zeigt, dass insbesondere die Definition des *Maximums* von Unterschiedlichkeit verschieden ausfällt (vgl. Tab. 1). Daher kann auch erwartet werden, dass die Verwendung verschiedener Indikatoren zur Messung von Diversität zu unterschiedlichen Ergebnissen in der Praxis führt. Die Meta-Analyse von Bell, Villado, Lukasik, Belau und Briggs (2011) hat versucht, solche Unterschiede nachzuweisen. Die Autoren konnten hierbei zunächst zeigen, dass einige Studien theoretisch wenig sinnvolle Diversity-Maße verwenden (z. B. bei der Dauer der Betriebszugehörigkeit und der ethnischen Diversität), sodass hier in der Tat noch Spielraum für Verbesserungen besteht. Mit Blick auf das Alter wurden genügend publizierte Studien gefunden, um alle drei Operationalisierungen auch empirisch miteinander vergleichen zu können. Die Ergebnisse waren allerdings enttäuschend, da sich *keine substanziellen* Unterschiede

*Ungleiche Verteilung von Ressourcen*

5

aufgrund der verwendeten Diversity-Konzepte ergaben (–.04 bei Spaltung, .01 bei Vielfalt und .04 bei Ungleichheit; vgl. hierzu aber Kap. 2.4). Einige Kritiker dieser inzwischen sehr oft zitierten und herangezogenen Taxonomie behaupten auch deswegen, dass diese Klassifikation leider immer noch am eigentlichen Kern des Problems vorbeigeht. Das Hauptproblem besteht nämlich darin, dass sehr oft lediglich die Verteilung *eines* singulären Attributs innerhalb einer Gruppe Gegenstand der Betrachtung ist. Dies reicht aber weder theoretisch noch praktisch aus, will man Effekte der real vorhandenen Diversität in sozialen Einheiten messen und managen. Dies wird im Folgenden genauer erklärt.

### 1.1.4 Diversity als Verwerfungslinien in sozialen Einheiten (Faultlines)

Strebt man an, die gleichzeitige Verteilung *mehrerer* Attribute innerhalb einer Gruppe zu analysieren (z. B. Alter, Geschlecht, Ausbildung, Stamm- oder Leiharbeiter), bietet sich der *„Faultline"-Ansatz* an. Hier wird versucht, der Mehrdimensionalität des Diversitätskonstrukts und der Komplexität des Gegenstandes besser gerecht zu werden, indem man gleichzeitig mehrere Attribute und die Interdependenzen dieser Merkmale beachtet. Wenn z. B. alle älteren Personen einer Gruppe gleichzeitig auch Männer sind, kann von dieser Teamzusammensetzung eine ganz andere Wirkung ausgehen, als wenn – bei gleichen Gruppenmittelwerten und Standardabweichungen für Alter und Geschlecht – das Geschlecht und das Alter der

**Diversität ist mehrdimensional und komplex**

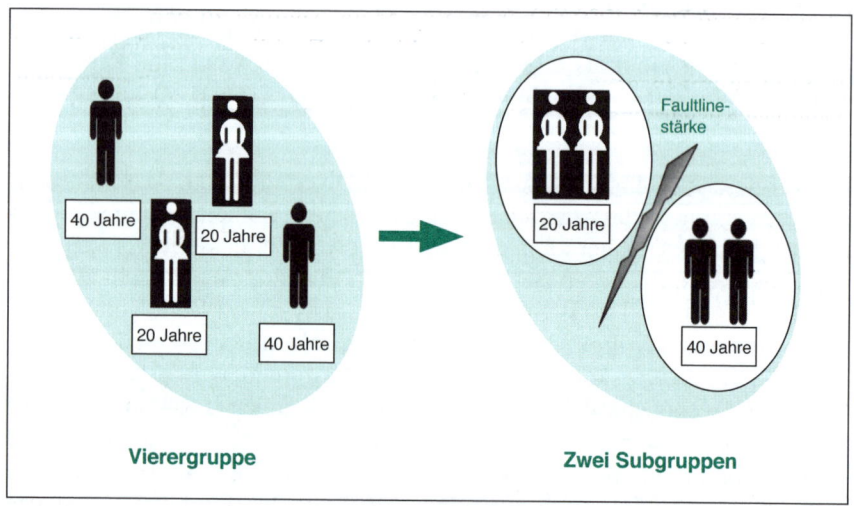

**Abbildung 1:**
Diversity im Sinne des Faultline-Ansatzes

Personen nicht miteinander zusammenhängen. Die Faultline-Theorie wurde erstmals von Lau und Murnighan (1998) in Analogie zu dem geologischen Begriff der Erdbebenlinie zwischen zwei tektonischen Platten (Faultlines) vorgestellt. Gruppen-Faultlines werden definiert als „hypothetical dividing lines that may split a group into subgroups based on one or more attributes" (Lau & Murnighan, 1998, S. 328; vgl. Abb. 1).

Auf Basis von Merkmalsaufreihungen können demnach hypothetische Trennlinien abgeleitet werden, die eine Gruppe in potenziell homogene Subeinheiten teilen. Der Faultline-Ansatz geht also davon aus, dass die Effekte von Heterogenität eine komplexe Funktion der Aneinanderreihung verschiedener Attribute sind. Für den Nutzen dieser Überlegung sprechen einige Studien, in denen gezeigt wurde, dass Faultline-Maße über die traditionellen Diversity-Maße hinaus gute Vorhersagen wichtiger Teamvariablen erlauben. So fanden z. B. Breu, Wegge und Schmidt (2010) bei 58 natürlichen Arbeitsgruppen aus dem Bereich der öffentlichen Verwaltung, dass Faultlines auf Basis des Alters, des Geschlechts und der Dauer der Betriebszugehörigkeit im Vergleich mit herkömmlichen Heterogenitätsindizes (Standardabweichung, Blau-Index) besser in der Lage waren, das Ausmaß kognitiver Konflikte im Team zu erklären. Starke Faultlines in Gruppen müssen allerdings nicht automatisch negative Auswirkungen auf die Zusammenarbeit haben, weil die subjektive Wahrnehmung (Salienz) von Unterschieden auf die Stärke der beobachtbaren Effekte Einfluss nehmen kann. Faultlines behindern die Zusammenarbeit in Teams insbesondere dann, wenn sie von den Teammitgliedern als auffällig wahrgenommen werden (Jehn & Bezrukova, 2010; Meyer, Shemla & Schermuly, 2011; Shemla, Meyer, Greer & Jehn, 2015; vgl. Kap. 2.4).

Thatcher und Patel (2011) haben eine Meta-Analyse zu den Antezedenzien und Auswirkungen von demographischen Faultlines vorgelegt, die auf 39 Studien mit insgesamt 4 366 Teams beruht. Die theoretisch erwarteten *negativen* Auswirkungen von stark ausgeprägten demographischen Faultlines (intensive Sach- und Beziehungskonflikte im Team, eine geringe Gruppenkohäsion, Gruppenleistung und Zufriedenheit; vgl. Kap. 2) wurden bestätigt, wobei sich nach Meinung der Autoren insbesondere Geschlechts- und ethnische Diversität als starke Antezedenzien von Faultlines erwiesen ($\beta$ = .23 und .24). Altersdiversität oder die Diversität der Betriebszugehörigkeitsdauer im Team korrelierte in dieser Analyse allerdings im selben Maße mit der demographischen Faultlinestärke ($\beta$ = .26 und .23), sodass diese Hervorhebung der Autoren nach u. E. fragwürdig ist. Unterschiede mit Blick auf die Ausbildung oder Abteilungszugehörigkeit erwiesen sich in diesem Sinne aber als weniger problematisch ($\beta$ = .11). Zudem fielen die Faultlines in Teams mit mehr als sechs Personen geringer aus als in kleineren Teams und die kontraproduktiven Effekte der Faultlines waren mit Blick auf die Leistung ($r$ = −.55) sogar deutlich stärker ausgeprägt als für die Zufriedenheit ($r$ = −.15).

*Salienz von Unterschieden*

Weil die Berechnung von Faultlines keinesfalls trivial ist, insbesondere bei kontinuierlich ausgeprägten Variablen (vgl. z. B. Breu et. al., 2010), und weil theoretisch wie empirisch heute noch unklar ist, nach wie vielen *Sub*gruppen in Teams gesucht werden sollte und wie groß diese Gruppen dann (maximal) sein dürfen, haben Meyer und Glenz (2013) kürzlich die acht heute verwendeten Faultline-Maße systematisch miteinander verglichen.

**Vergleich von Faultline-Maßen**

Sie empfehlen ein von ihnen selbst entwickeltes, clusteranalytisch-basiertes Maß (ASW = average silhouette width), das die Anzahl der Subgruppen empirisch bestimmt und u. a. auch die Existenz von mehr als zwei Subgruppen zulässt. Das Maß ist zudem statistisch betrachtet sehr robust gegenüber fehlenden Werten, die bei Teamanalysen oft zu finden sind. Für die betriebliche Praxis kann also empfohlen werden, bei Diversity-Analysen nicht nur auf die verschiedenen Diversity-Maße einzelner Attribute zu achten, sondern nach Möglichkeit auch wichtige Merkmalskombinationen im Sinne des Faultline-Ansatzes zu messen, wenn es um die Zusammensetzung von Teams oder Abteilungen geht. Die diesbezüglichen Ergebnisse zeigen, dass Faultlines in der Regel *vermieden* werden sollten, da sie oft recht deutliche, negative Auswirkungen auf die Zusammenarbeit und die Effektivität in Teams haben.

## 1.2   Effekte von Diversity

Der Leser wird sicherlich andere, vor allem auch optimistischere Aussagen zur Diversität erwartet haben. In der Wirtschaftswoche von 2011 war z. B. zu lesen: *„Vielfalt in der Belegschaft ist kein Gutmenschtum, sondern entscheidend für die Wettbewerbsfähigkeit eines Unternehmens"* oder auch *„Diversität ist kein Modewort mehr, sondern ein Synonym für professionelle Personalpolitik"* (S. 96). Selbst wenn man zugesteht, dass „starke Verwerfungslinien innerhalb von Teams" im Sinne des gerade erörterten Faultline-Ansatzes wohl immer mit negativen Wirkungen einhergehen, muss es wohl auch positivere Befunde geben. Was ist von diesen Meinungen zu halten? Werfen wir hier also noch einmal einen genaueren Blick auf die heute verfügbare empirische Forschung zu den Effekten von Diversity.

**Mit Diversität können förderliche und beeinträchtigende Wirkungen einhergehen**

Angesichts der gerade schon aufgeführten Befunde sollte es eigentlich nicht überraschen, dass aktuelle *Übersichtsarbeiten* und *Meta-Analysen* zu den Effekten von objektiver oder subjektiv wahrgenommener Diversity (Bell et al., 2011; Hülsheger et al., 2009; Jackson & Joshi, 2011; Joshi & Roh, 2009; van Dijk, van Engen & van Knippenberg, 2012; Stahl, Maznevski, Voigt und Jonson, 2010; Thatcher & Patel, 2011) – unisono – keinesfalls ein einfaches Lob von Vielfalt bei der Arbeit aussprechen. Diversity ist vielmehr als ein *zweischneidiges Schwert* zu verstehen, weil von *jedem* Diversity-Merkmal – je nach Randbedingung – sowohl eine förderliche als auch eine hinderliche Wirkung auf die Zusammenarbeit in Gruppen ausgehen kann (vgl. Kap. 2.2). Über alle Studien hinweg betrachtet ist – um bei diesem Bilde zu bleiben – dieses Schwert allerdings eher stumpf, denn in der Regel finden sich kaum signifikante oder substanzielle Effekte, wenn man einfach *alle* verfügbaren Studien zu einem Diversity-Merkmal aggregiert. Betrachtet man *zusätzlich* verschiedene Randbedingungen, die auf solche Zusammenhänge einen Einfluss haben können (auch Moderatorvariablen genannt), sehen die Dinge anders aus.

Als ein wichtiger Unterschied erweist sich hierbei z.B., ob die aggregierten Primärstudien im Forschungslabor oder im Feld durchgeführt wurden. In der oben schon geschilderten Faultline-Analyse (Thatcher & Patel, 2011) waren die negativen Effekte von Faultlines auf die Leistung und die Zufriedenheit fast doppelt so stark ausgeprägt, wenn die Studien im Labor angesiedelt waren. In der Meta-Analyse von Bell (2007) zur Frage, wie die Persönlichkeit von Teammitgliedern auf die Teamleistung wirkt, zeigt sich ein umgekehrtes Bild. Hier erwiesen sich hohe Gruppenmittelwerte für die Gewissenhaftigkeit, die Verträglichkeit und die Extraversion der Gruppenmitglieder nur in Feldstudien als verlässlicher Prädiktor der Teamleistung (mit positivem Vorzeichen). Im Labor waren diese Zusammenhänge nahezu nicht vorhanden. Für die mittlere Intelligenz waren die Effekte hingegen gleich stark ausgeprägt ($r = .33$ im Labor und $r = .26$ im Feld). Manche Phänomene, die mit der Teamzusammensetzung zusammenhängen, sind demnach leichter bzw. eher im Labor (Faultlines), andere hingegen eher in Feldstudien (Persönlichkeit) zu beobachten. Bei anderen Variablen (Intelligenz) spielt der Untersuchungsort dagegen nach den aktuellen Daten keine Rolle.

Unterschiede in Feld- und Laborstudien

Wie wichtig die *Bedeutung des Kontextes* ist, zeigt insbesondere die Meta-Analyse von Joshi und Roh (2009), in der nur *natürliche* Teams untersucht wurden, die dann auch einen betrieblichen Kontext aufweisen, dessen Einfluss man näher untersuchen kann. Betrachten wir die Ergebnisse etwas genauer. Über alle verfügbaren Feldstudien (8 757 Teams, 39 Studien) hinweg zeigt sich, dass die Vielfalt mit der Leistung *nicht* systematisch zusammenhängt ($r = -.01$). Für einzelne Attribute sieht dies allerdings anders aus. Die *Altersdiversität* in Teams ist signifikant negativ ($r = -.06$) und die Diversität bei der *Ausbildung* („function") signifikant positiv ($r = .13$) mit der Teamleistung korreliert. Auch in der Meta-Analyse von Bell et al. (2011) finden sich positive Effekte der Diversität in der Ausbildung und der Bereichszugehörigkeit auf die Innovationsleistungen bei Design- und Topmanagement-Teams. Als wichtige *Moderatorvariablen* erwiesen sich in der Meta-Analyse von Joshi und Roh die Verteilung der jeweiligen Merkmale im beruflichen Setting, die Branche, die Dauer der Teamarbeit und das Ausmaß der wechselseitigen Abhängigkeit (Interdependenz) in den Teams. Hierzu jeweils ein Beispiel.

Diversität und Leistung

Die *Geschlechtsvielfalt* korrelierte negativ mit der Gruppenleistung in Kontexten, in denen Männer dominieren, aber positiv in Kontexten mit einer balancierten Geschlechtsverteilung. Die Diversität bei eher beziehungsbezogenen Attributen (Geschlecht, Nationalität, Alter) war in der Service-Industrie positiv, in der „High-Technology"-Industrie hingegen negativ mit der Leistung assoziiert. Ähnliche Unterschiede fanden sich für die Interdependenz, weil beziehungsbezogene Vielfalt in Arbeitskontexten mit geringer Interdependenz die Teamleistung positiv beeinflusst, bei moderater Interdependenz aber negativ. Zudem erwies sich die Vielfalt der beziehungsbezogenen Attribute leistungsförderlich bei kurzfristig, aber leistungshinderlich bei langfristig angelegter Teamarbeit. Es kommt hier offensichtlich auf die einzelnen Merkmale und die im Team bzw. der Organisation vorherrschenden Arbeits- und Kontextbedingungen an. Einfache Aussagen dahingehend, dass Vielfalt immer leistungsförderlich oder -hinderlich für das Team bzw. die organisationale Einheit sei, sind angesichts dieser Befunde nicht angemessen. Wer das behauptet, sucht sich einzelne Effekte heraus, übersieht aber die inzwischen klare Befundlage dahingehend, dass deutliche Haupteffekte von Diversity eher die Ausnahme sind!

**Haupteffekte der Diversität selten beobachtet**

Bisher haben wir nur Zusammenhänge betrachtet, die *allein* auf der Teamebene bestehen (Teamdiversität beeinflusst Teamprozesse oder die Teamleistung). Eine Analyse allein auf Teamebene würde dem Problem allerdings nicht gerecht, weil die Unterschiedlichkeit eines Teams aus der Perspektive *einzelner* Teammitglieder ja ganz anders aussehen kann. Die einzelne Frau in einem Team mit weiteren acht Männern wird die Zusammensetzung des Teams in der Regel anders einschätzen als dies die Männer tun. Daher hat man auch Auswirkungen der Unterschiedlichkeit *einzelner Personen* innerhalb ihres Teams auf deren individuelles Befinden und die Leistung untersucht. Man betrachtet dann, ob eine einzelne Person den anderen Mitgliedern ihrer Gruppe mehr oder weniger ähnlich ist („relational demography") und welche Auswirkungen das dann für sie selbst hat. Die hier vorliegenden Befunde haben Guillaume, Brodbeck und Riketta (2012) in einer Meta-Analyse zusammengefasst. Hierbei differenzierten sie die Unterschiedlichkeit einer Person mit Blick auf „oberflächlich" leicht erkennbare und eher unstrittige Merkmale einer Person (z. B. Alter, Geschlecht, Nationalität = „surface-level diversity") und die Unterschiedlichkeit einer Person mit Blick auf weniger leicht erkennbare psychologische Merkmale, die nur durch intensivere Interaktion und Kommunikation offenbar werden (z. B. grundlegende Werte, Einstellungen, Persönlichkeit = „deep-level diversity"). Es zeigte sich wie erwartet, dass beide Formen der Unterschiedlichkeit für die soziale Integration der Person innerhalb des Teams (gemessen im Sinne einer starken Bindung an das Team, Zufriedenheit mit der Arbeit und den Kollegen und einer positiven Qualität der Beziehungen untereinander) eher *schlecht* sind ($r=-.06$ für surface-level und $r=-.21$ für deep-level diversity). Arbeiten die Mitglieder eines Teams eng zusammen (hohe Interdependenz), werden diese Zusammenhänge bei „oberflächlichen" Unterschieden abgeschwächt ($r=-.02$), bei tiefergehenden Unterschieden aber verstärkt

**Surface- vs. Deep-Level-Diversität**

($r = -.28$). Man sieht, die enge Interaktion zwischen Teammitgliedern kann offensichtlich manche Probleme einer Person, die mit der Unterschiedlichkeit ihrer Mitglieder zu tun haben, erfolgreich abpuffern, andere hingegen verstärken. In dieser Analyse zeigt sich zudem wie erwartet, dass eine hohe soziale Integration im Team die Fluktuationsabsicht der Person deutlich verringert ($r = -.30$) und ihre Leistungen fördert ($r = .40$). Dies gilt für alle untersuchten Personen.

Darüber hinaus lassen sich einige Diversity-Studien finden, die mit *Organisationen* als Untersuchungseinheiten durchgeführt wurden. Hier wurde z. B. gefunden, dass die Altersdiversität einer Firma für deren Produktivität eher günstig, die Diversität mit Blick auf die Ausbildung aber beeinträchtigend wirkt (Ilmakunnas & Ilmakunnas, 2011) und dass der Zusammenhang zwischen Geschlechtsdiversität und Produktivität umgekehrt U-förmig ausfällt, was bedeutet, dass geschlechtsbalancierte Teams (50 % Männer und 50 % Frauen) Produktivitätsvorteile für die gesamte Organisation mit sich bringen (Frink, Robinson, Reithel, Arthur, Ammeter, Ferris et al., 2003). Zwick, Göbel und Fries (2013) berichten ebenfalls, dass die Implementierung altersgemischter Teams für die Produktivität von Organisationen positive Wirkungen entfaltet, insbesondere für die Produktivität älterer Arbeitnehmer. Hingegen fanden Kunze, Boehm und Bruch (2011) bei einer Analyse von 128 Firmen, dass eine hohe Altersdiversität im Unternehmen – vermittelt über die vermehrte Wahrnehmung von Altersdiskriminierung und eine Abnahme der Bindung an das Unternehmen – zu geringeren Firmenleistungen führen kann. Wir kommen auf diese Befunde unten noch einmal zurück (vgl. Kap. 4). Es muss an dieser Stelle aber gesagt werden, dass solche Zusammenhänge nach u. E. mit großer Vorsicht zu interpretieren sind, weil Ergebnisse auf Teamebene – bei Berücksichtigung relevanter Moderatoren – eine sehr hohe Varianz aufweisen (siehe oben), sodass fraglich bleibt, was da eigentlich gemessen wird, wenn man die Diversität auf Organisationsebene in einen Kennwert aggregiert und mit Kriterien wie der Produktivität korreliert. Auch die schon erörterte Problematik von Faultlines wird in solchen Analysen bisher völlig ignoriert. Zudem ist der Erfolg von Organisationen von so vielen Faktoren abhängig, dass man auch kritisch fragen muss, wie solche Zusammenhänge eigentlich zustande kommen *können*. Etwaige unternehmensweite Prozesse werden in derartigen Studien zumeist nicht gemessen, sodass hier in der Regel keine Erklärungen für die beobachteten Zusammenhänge zu finden sind. Zudem sind Kausalitätsfragen nur schwer zu beantworten, wenn keine längsschnittlichen Daten vorliegen.

Eine Ausnahme stellt hier die Arbeit von Sacco und Schmitt (2005) dar, in der die Fluktuation und der Geschäftserfolg in 3 454 Schnellrestaurants ($N = 255\,630$) untersucht wurde, wobei für 2 373 der Restaurants auch Gewinndaten über 11 aufeinanderfolgende Monate vorlagen. Als unabhängige Variablen wurden die Geschlechts-, Alters- und ethnische Zugehörigkeits-

*Auch Organisationen können divers sein*

*Zusammenhänge variieren stark*

11

zusammensetzung gemessen. Analoge Werte wurden für die Einwohner des jeweiligen Postleitzahlenbezirks bestimmt, in dem das Restaurant lokalisiert war. Die Befunde zeigen u. a., dass *geringere* Geschlechtsdiversität die Fluktuation für Frauen um 21 % und für Männer um 15 % verringerte (Homogenität ist hier also positiv für das Unternehmen), wobei diese Effekte insbesondere am Anfang der Beschäftigung stark ausgeprägt sind und sich dann abschwächen. Auch die Unterschiedlichkeit in der ethnischen Zugehörigkeit erhöhte die Fluktuation in gleicher Weise. Für den Gewinn der Unternehmen spielte nur die ethnische Zugehörigkeitszusammensetzung eine Rolle und zwar so, dass der Gewinn geringer ausfiel, wenn die ethnische Diversität hoch ausgeprägt war (eine Standardabweichung entsprach einem Verlust von 39 821 Dollar). Die erwarteten Zusammenhänge zwischen der Zusammensetzung der Restaurants und ihrer Umgebung waren für den Gewinn (im Sinne einer förderlichen Wirkung von Übereinstimmungen) nicht zu finden, sodass man schlussfolgern kann, dass einer der methodisch überzeugendsten Versuche, den Nutzen von Diversity Management für den Organisations*erfolg* zu belegen, keine diversitätsförderlichen Wirkungen erkennen lässt.

Fluktuation und Diversity

Mit Blick auf das Diversity Management ist aus den bisher erörterten Befunden zu schlussfolgern, dass *spezifischere Modelle* zu entwickeln sind, die den zentralen Attributen der jeweiligen Teamarbeit, den zentralen abhängigen Variablen (z. B. Leistung, Zufriedenheit) und den Kontextbedingungen der Gruppe (z. B. Interdependenz, Dauer der Zusammenarbeit) mehr Beachtung schenken als bisher. Zudem ist durchaus vorstellbar, dass dieselbe „Vielfalt" der Gruppe für einzelne Personen in der Gruppe eher günstige, für andere aber weniger günstige Wirkungen entfalten kann. Dies belegt auch die Studie von Steffens, Shemla, Wegge und Diestel (2014), in der bei 250 natürlichen Teams mit 1 753 Finanzberatern untersucht wurde, welchen Einfluss die Dauer der Betriebszugehörigkeit auf die individuelle Leistung hat. Es zeigte sich, dass der erwartete, leistungsförderliche Effekt einer höheren Betriebszugehörigkeitsdauer in solchen Teams geringer ausgeprägt war, in denen die Gruppenmitglieder sich bezüglich ihrer Betriebszugehörigkeitsdauer stark unterscheiden. Die weniger erfahrenen Teammitglieder profitieren offensichtlich deutlich mehr davon, wenn sie in Teams arbeiten, deren Mitglieder eine hohe Diversität in der Dauer der Betriebszugehörigkeit aufweisen. Auch Befunde auf der Ebene von Gruppen (Altersdiversität ist abträglich für die Leistung; Joshi & Roh, 2009) und der Ebene von Organisationen (Altersdiversität ist gut für die Leistung; Zwick, Göbel & Fries, 2013) können sich durchaus widersprechen, weil Diversity ein Mehr-Ebenen-Phänomen ist und weil das vermeintlich „gleiche" Diversity-Attribut auf verschiedenen Ebenen (Individuum, Gruppe, Organisation) mit ganz anderen Prozessen verknüpft sein kann. Dies ist in den folgenden Ausführungen zu beachten. Auf Ergebnisse, die für gesamte Organisationen gefunden wurden, werden wir im Folgenden nur da erneut eingehen, wo differenzierte

Diversität ist ein Mehr-Ebenen-Phänomen

12

Unterschiede innerhalb der Organisationen betrachtet wurden, sodass auch eine Ableitung konkreter Empfehlungen sinnvoll ist.

Wie kulturelle, organisationale und gruppenspezifische Faktoren im Zusammenspiel den Nutzen von Diversity Management gemessen an der individuellen Arbeitsmotivation der Personen beeinflussen können, haben Guillaume, Dawson, Priola, Sacramento, Woods, Hogson, Budwar und West (2014) in einer Mehr-Ebenen-Theorie dargelegt. Sie gehen hier davon aus, dass auf der Ebene von Arbeitsgruppen idealerweise ein „Klima der Inklusion" entstehen sollte, in dem individuelle Unterschiede wahrgenommen und geschätzt werden, die Teammitglieder gleich behandelt werden und bei Entscheidungen auch fair Einfluss nehmen können. Dieses Klima ist erforderlich, damit die ansonsten problematischen, identitätsrelevanten individuellen Unterschiede und Belange zwischen Personen konstruktiv aufgefangen werden können. Wenn dies gelingt, kann auch eine starke Identifikation einzelner Personen in heterogenen Gruppen resultieren, was – vermittelt über die Akzeptanz von Gruppenzielen und eine Erhöhung des Selbstvertrauens – dann die Innovation, Effektivität und das Wohlbefinden der einzelnen Person steigern soll. Gesetze wie z. B. das AGG oder sozioökonomische und kulturelle Unterschiede zwischen Ländern wirken in diesem Modell – vermittelt über die Diversity-Einstellungen des Topmanagements – in die Organisation hinein, indem dort mehr oder weniger Aktivitäten im Sinne von Diversity Management realisiert werden. Der unmittelbare Vorgesetzte von Arbeitsgruppen wirkt ebenfalls als eigenständiger Faktor bei der Entstehung eines „Klimas der Inklusion" mit, wobei sein Einfluss durch Führungsprozesse vermittelt ist. Dieses komplexe Modell verdeutlicht, wie die zahlreichen Variablen verschiedener Analyseebenen zusammenwirken können, seine empirische Überprüfung steht allerdings noch aus.

*Mehr-Ebenen-Modell von Diversity Effekten*

## 1.3 Effekte von Diversity Management

Werfen wir nun einen Blick auf die Bemühungen, Diversity in Organisationen *herzustellen* bzw. effektiv zu *„managen"*. Wie Lindsey et al. (2013) erörtern, kann dies mit unterschiedlichen Ansätzen in verschiedenen Phasen erfolgen, bei der Rekrutierung von Bewerbern, bei der Auswahl, bei der Inklusion (im Sinne einer willkommenen Aufnahme) und durch Interventionen zum Verbleib von bereits eingestellten Mitarbeitern (vgl. hierzu auch Kap. 4). Sieht man die empirischen Befunde an, so lassen sich im Wesentlichen *drei Ansätze* finden, zu denen ausreichend Daten für die Beurteilung der Effekte vorliegen (Wegge & Shemla, 2013). Der erste Ansatz bezieht sich auf die Etablierung von organisatorischer Verantwortung für Diversität durch spezifische Förderpläne und Diversitätskommittees, die für die Etablierung und Überwachung von Diversitätsinitiativen sowie für die Entwicklung von Lösungsansätzen bei Ungleichheiten verantwortlich sind. Ein

*Drei Ansätze des Managements von Diversität*

zweiter Ansatz fokussiert auf die soziale Isolation von Minderheiten und versucht, deren Repräsentation in verschiedenen organisatorischen Ebenen zu erhöhen. Basierend auf der Annahme, dass Ungleichheit in Organisationen auf unterschiedliche Netzwerke und Ressourcen zurückgeführt werden kann, sollen dafür Netzwerke und Mentorenprogramme entwickelt werden, die sich speziell auf benachteiligte Minderheiten beziehen. Der dritte Ansatz betont die Veränderung von Verhaltensweisen von Arbeitnehmern und Führungskräften über den Abbau von Vorurteilen und gezielte Rückmeldungen (Diversitätstrainings). Hierbei handelt es sich um Programme, die positive Intergruppeninteraktionen unterstützen, Vorurteile und Diskriminierungen reduzieren sowie Fertigkeiten, Wissen und die Motivation, mit anderen Menschen zu interagieren, erhöhen.

**Verbreitung von Diversitäts- trainings**

Die drei Ansätze unterscheiden sich nicht nur in ihren Zielen und Mitteln, sondern auch im Verbreitungsgrad und ihrer Wirksamkeit. Eine Erhebung in 708 Organisationen aus dem privaten Wirtschaftssektor ergab (Kalev, Dobbin & Kelly, 2006), dass im Mittel 40 % der befragten Firmen Diversitätstrainings anbieten und nur etwa eine von fünf Organisationen Netzwerke und Mentorenprogramme oder Diversitätskommittees einsetzen. Die Erhebung zeigte zudem, dass für die Förderung von Minderheiten im Management Mentoringansätze und Diversitätskommittees am wirksamsten waren. Im Gegensatz hierzu waren Trainingsprogramme, trotz ihrer Beliebtheit, mit Blick auf dieses Ziel wenig effektiv.

Welche Auswirkungen haben Diversity-Trainings? Sucht man hier nach Übersichtsarbeiten und Meta-Analysen, wird man ebenfalls fündig, was erneut belegt, wie bedeutsam dieses Thema für die Forschung inzwischen geworden ist. Bezrukova, Jehn, und Spell (2012) untersuchten die Formen und die Wirksamkeit von Diversitätstrainings in insgesamt 178 Publikationen zum Thema (136 empirische Arbeiten). Die Autoren gingen der Frage nach, welche Gestaltungsmerkmale von Diversitätstrainings für das kognitive Lernen (Erwerb von deklarativem Wissen über Minderheiten, Vorurteile und Stereotype), für das verhaltensbezogene Lernen (Entwicklung von Konfliktmanagement- und Kommunikationsfertigkeiten) und für Einstellungsänderungen gegenüber Diversität wichtig sind. Es zeigte sich, dass bezüglich aller drei Zielgrößen die Langzeiteffekte inkonsistent ausfielen, die Mehrheit der Studien aber *positive Kurzzeiteffekte* nachweisen konnten. Die Autoren identifizierten vier Gestaltungsmerkmale der Trainings, welche hier bedeutsam sind.

**Wirksame Trainingsmerkmale**

Demnach sind Diversity-Trainings besonders effektiv, wenn:
- das Training Teil einer umfassenden, diversitätsbezogenen Strategie der Organisation ist,
- das Training im Allgemeinen die Zugehörigkeit zu einer Gruppe fördert, statt nur spezifische Dimensionen von Diversität zu behandeln (z. B. ethnische Herkunft, Geschlecht),

– das Training eine verhaltensbezogene Komponente (z. B. Übung von Fertigkeiten) neben den Komponenten der Einstellungsänderung und des kognitiven Lernens umfasst,
– das Training die Verwendung multipler Instruktionsmethoden vorsieht (z. B. Vorträge, Videomaterial, Simulationsübungen).

Die wohl erste Meta-Analyse zur Effektivität von Diversity-Trainings haben Kalinoski, Steele-Johnson, Peyton, Leas, Steinke und Bowling (2013) vorgelegt. Sie konnten insgesamt 65 Studien identifizieren, die eine Berechnung von spezifischen Effektstärken ermöglichten. Tabelle 2 fasst einige zentrale Ergebnisse dieser Analyse zusammen.

**Tabelle 2:**
Ausgewählte Effekte von Diversity-Trainings (nach Kalinoski et al., 2013)

| Variable | Anzahl der Effekte | $N$ | $d$ |
|---|---|---|---|
| allgemeine Effekte | 96 | 8389 | .39 |
| affektive Effekte | 44 | 4276 | .27 |
| Einstellungen | 40 | 3653 | .23 |
| kognitive Effekte | 25 | 1724 | .62 |
| Fertigkeiten | 27 | 2398 | .43 |
| Fertigkeiten (Tests) | 19 | 1390 | .54 |

*Anmerkungen:* $N$ = Anzahl untersuchter Personen; $d$ = stichprobengewichtete Effektstärke

Diversitätstrainings und Effektstärken

Wie Tabelle 2 zeigt, sind Trainingsbemühungen insgesamt von Erfolg gekrönt ($d = .39$), wobei die Veränderungen bei affektiv geprägten Ergebnisvariablen (z. B. Einstellungen bzw. Stereotype und emotionale Größen, die Verhalten motivieren), wie von den Autoren erwartet, deutlich *geringer* ausfallen als die Veränderungen bei kognitiven Ergebnisvariablen (Wissen, Wissensorganisation oder kognitive Strategien) oder bestimmten Fertigkeiten, die im konkreten Verhalten bzw. mit besonderen Tests erfasst wurden. Dieses Befundmuster wurde vorhergesagt, weil die *affektiven* Größen besonders deutlich auch auf eher unbewussten (impliziten) Informationsverarbeitungsprozessen beruhen, die weniger leicht durch (kurze) Trainings verändert werden können. Im Einklang mit der Analyse von Bezrukova et al. (2012) wurden ferner bei den affektiven Größen insbesondere dann deutlich positivere Effekte gefunden, wenn aktive (interdependente) und zeitlich verteilte Formen der Instruktion verwendet wurden und das Training mindestens vier Stunden dauerte. Darüber hinaus hatten Trainings mit realen Organisationsmitgliedern auch deutlich stärkere Effekte als Laborstudien mit Studenten, wobei es sich als etwas vorteilhafter erwies, wenn das Training von Managern des Unternehmens selbst durchgeführt wurde (im Vergleich zu externen Trainern). Die Autoren nehmen an, dass die Mitwirkung von Führungskräften der eigenen Organisation eine höhere Motivation auf Seiten der Trainierten bewirkt.

## 1.4 Bedeutung für das Personalmanagement

Die bisherigen Ausführungen haben klar gezeigt, dass die Verschiedenartigkeit bzw. Vielfalt von Menschen, die in einer sozialen Einheit (Abteilung, Organisation) vorzufinden sind, zahlreiche Konsequenzen für deren Zusammenarbeit, Effektivität und Wohlbefinden haben *kann* (aber nicht muss). Unter bestimmten Bedingungen sind die – insgesamt eher negativen – Effekte sehr stark und konsistent ausgeprägt (z. B. bei starken Faultlines), unter anderen Bedingungen verschwinden sie oder es werden (eher seltener) sogar positive Auswirkungen beobachtet. Ein genaueres Verständnis darüber, wie die Vielfalt von Menschen zu messen und ggf. auch zu beeinflussen ist, kann für das Personalmanagement daher von großem Nutzen sein. Umfragen bei Unternehmen (Engeser, 2011; Kaufmann, 2011) zeigen, dass ein „Vielfalts- und Einbeziehungsmanagement" zumeist aus fünf Gründen als ein lohnendes Unterfangen eingeschätzt wird. Man erwartet hohe Gewinne, weil

– der Zugang zu neuen Märkten und Investitionsmitteln verbessert wird,
– die Kreativität der Mitarbeiter erhöht wird,
– Prozesskosten bei Streitigkeiten mit Minderheiten reduziert werden,
– die Attraktivität des Unternehmens gefördert wird (bessere Rekrutierung),
– durch eine geringere Fluktuation Personalbeschaffungs-, Aus- und Weiterbildungskosten gesenkt werden.

Die negativen Auswirkungen von Vielfalt (Konflikte in und zwischen Teams, geringe Integration in Teams etc.) werden in solchen Publikationen z. T. auch als Gefahr erkannt. Man hofft aber, dass diese durch ein cleveres „Vielfalts- und Einbeziehungsmanagement" kompensiert werden können, was nach den Befunden der Meta-Analyse von Kalinoski et al. (2013) plausibel erscheint.

## 1.5 Betrieblicher Nutzen

Sind die gerade angeführten Hoffnungen gerechtfertigt? Hier ist nach u. E. noch Skepsis angebracht, weil weder der betriebliche Nutzen von „Vielfalt" *an sich* noch der betriebliche Nutzen des aktiven „Managements" von Vielfalt durch Diversity-Trainings für die Leistung von Teams oder die Effektivität von Organisationen umfassend untersucht wurden. Dies gilt auch für andere Maßnahmen zur verbesserten Einbeziehung („inclusion") neuer, oft wegen ihrer Andersartigkeit diskriminierter Mitarbeiter (Lindsey et al., 2013). Die heute vorliegenden Meta-Analysen (s. o.) belegen allerdings, dass hier in der Tat (a) relevante Unterschiede auftreten und diese (b) in gewissen Grenzen auch gestaltbar und durch Trainings veränderbar sind. Die Effektstärken auf individueller Ebene sind – insbesondere mit Blick auf Diversity-Trainings – durchaus beachtlich. Bedenkt man, dass der Zusammenhang zwischen der (freiwilligen) Fluktuation in Organisationen und der Leistung dieser Organisationen nach Befunden der wohl umfassendsten Meta-Analyse zu diesem Thema mit $r = -.15$ negativ ausgeprägt ist (Park & Shaw, 2013), erscheinen Bemühungen, die darauf zielen, die Fluktuation zu verringern, auf jeden Fall lohnend.

In der Studie „Dream-Team statt Quote" der Unternehmensberatung Roland Berger von 2011 wird kalkuliert, wie viel Geld hier in Deutschland zu sparen wäre. Pro Jahr wechseln rund 5 % der 40 Millionen Mitarbeiter freiwillig die Stelle. Personalbeschaffungs-, Aus- und Weiterbildungskosten für einen neuen Mitarbeiter belaufen sich auf ca. 52 000 Euro. Berger kalkuliert nun, dass 10 bis 30 % dieser Kosten durch die Umsetzung geeigneter Diversity- und Inclusion-Maßnahmen eingespart werden könnten (ein jährliches Einsparpotenzial von rund 21 Milliarden Euro bundesweit). Nach den Umfrageergebnissen bei 40 Großunternehmen, u. a. aus der Automobil-, Bau-, Energie-, Chemie- und Elektrobranche, halten vier von fünf Studienteilnehmern das Vielfalts- und Einbeziehungsmanagement für wichtig. Unsere bisherige Analyse zeigt, dass am ehesten dann positive Effekte zu erwarten sind, wenn man anstrebt, der Komplexität des Problems gerecht zu werden. Dies bedeutet u. a., dass man theoretisch wie praktisch *spezifische* Merkmale in spezifischen *Kontexten* analysiert und (möglichst bei Kontrolle bzw. Berücksichtigung anderer Diversity-Merkmale) zu verändern sucht. Mit Blick auf das Alter haben die Autoren in den letzten Jahren entsprechende Analysen angestellt und auch Trainings entwickelt und erprobt. Diese stehen im Folgenden im Mittelpunkt der Betrachtung.

**Einsparpotenziale durch Diversitätsmanagement**

# 2 Theorien und Modelle

Gruppen können hinsichtlich zahlreicher Dimensionen bzw. Variablen homogen (gleich) oder heterogen (ungleich) zusammengesetzt sein, etwa im Hinblick auf allgemeine Fähigkeiten der Gruppenmitglieder (z. B. Intelligenz), aufgabenbezogene Fertigkeiten und Kenntnisse (z. B. Fachwissen), allgemeine Merkmale der Person (z. B. Alter, Geschlecht, Nationalität, Religionszugehörigkeit) und grundlegende Persönlichkeitsmerkmale (z. B. die Ausprägung des Leistungsmotivs). Bedenkt man allein die Vielzahl der hier genannten Größen, so muss gefordert werden, die Zusammensetzung von Arbeitsgruppen als ein *mehrdimensionales Phänomen* zu betrachten, was die Forschung vor eine schwierige Aufgabe stellt. Jedes Gruppenmitglied weist eine große Zahl von oft miteinander korrelierten Attributen auf (Alter, Geschlecht, Einstellungen, Kenntnisse etc.), sodass auch bei deutlichen Unterschieden in der Gruppenleistung ein Rückschluss auf dasjenige Merkmal bzw. die spezielle Merkmalsverteilung, die für die festgestellten Leistungsunterschiede verantwortlich sind, nur bei Kontrolle aller relevanten anderen Merkmale möglich ist (vgl. Kap. 1.1.4, 1.2 und 1.3). Dieser Beobachtungs- und Analyseaufwand wird in Praxis und Forschung oft gescheut. Betrachten wir im Folgenden die theoretischen Grundlagen genauer.

**Gruppenzusammensetzung ist ein mehrdimensionales Phänomen**

## 2.1 Allgemeine Erkenntnisse zur Gruppenzusammensetzung

Die Forschung zu den Effekten der Gruppenzusammensetzung zeigt, dass die Zusammensetzung einer Gruppe ein sehr wichtiger Faktor ist, den es zu beachten gilt, wenn man den Erfolg von Gruppenarbeit in Organisationen fördern will (Mathieu, Tannenbaum, Donsbach & Alliger, 2014; Wegge, 2014). Angesichts der Vielzahl von Personenmerkmalen, die bei verschiedenen Gruppenaufgaben bzw. Gruppentypen mal mehr und mal weniger leistungsrelevant sein können (z. B. bildungsbiographische Merkmale, spezifische Fertigkeiten und berufliche Erfahrungen, eher medizinische Merkmale wie die Körperkraft, Persönlichkeitsdispositionen wie Intelligenz und Motivdispositionen), liegt eine kaum zu überblickende Zahl von Einzelstudien vor. Die Datenlage ist für einige Personenmerkmale schon recht breit und in den Befunden konsistent (z. B. bei der Intelligenz; Bell, 2007), bei anderen jedoch wenig eindeutig, weil dasselbe Merkmal, etwa die Heterogenität in der Ausbildung der Gruppenmitglieder, bei einer Gruppenarbeitsform (Produktentwicklungsteams) keine eindeutigen Effekte entfaltet, bei einer anderen (Topmanagement-Teams) jedoch signifikant positiv mit Erfolgsindikatoren zusammenhängt (vgl. Gebert, 2004, S. 192 ff.).

Wie in Kapitel 1 schon erläutert, sind neben der Art der Gruppenaufgabe und der Art des jeweils betrachteten Personenmerkmals noch weitere Faktoren bekannt, welche für die Vielfalt und Widersprüchlichkeit einzelner Befunde verantwortlich sein können. Dies betrifft z. B. die Dauer der Zusammenarbeit in der Gruppe oder die Interdependenz der Gruppenmitglieder. Andererseits ist die Art der jeweils betrachteten *abhängigen Variablen* (z. B. Leistung oder Gruppenkohäsion) ein wichtiger Faktor. Dasselbe Heterogenitätsmerkmal, etwa die Heterogenität in der Ausbildung, kann nämlich mit Blick auf die Gruppenleistung positive, in Hinsicht auf den Zusammenhalt in der Gruppe aber negative Effekte haben. Bei der Beurteilung der potenziellen Wirkungen einer bestimmten Gruppenzusammensetzung kommt es also immer darauf an, welche *Personenmerkmale*, welche *Gruppenaufgaben*, welche *zeitlichen Dimensionen* und welche *abhängigen Variablen* man im Einzelfall betrachtet (vgl. Kap. 1.3). Diese Vielfalt und große Variabilität der Befunde können durch die nachfolgend beschriebenen theoretischen Modelle gut begründet werden.

Die Befunde zu Heterogenitätsmerkmalen und Wirkungen fallen sehr unterschiedlich aus

## 2.2 Das Vier-Wege-Modell der Teamzusammensetzung

Auf welchen Wegen kann eine spezifische Gruppenzusammensetzung die Effektivität von Gruppen beeinflussen? Zur Beantwortung dieser Frage hat Wegge (2003) ein heuristisches Modell entwickelt, in dem insgesamt vier Wege ausdifferenziert werden (vgl. Abb. 2). Demnach kann eine bestimmte Gruppenzusammensetzung allein schon deshalb zu hoher oder niedriger Gruppeneffektivität führen, weil die Beurteilung eines Gruppenergebnisses (z. B. ein Problemlösevorschlag) in der *Wahrnehmung Außenstehender* davon abhängt, wer in der Gruppe mitgearbeitet hat (erster Weg).

Beurteilerperspektive

Dasselbe Ergebnis wird einmal als legitim beurteilt, z. B. wenn alle relevanten Interessenparteien in der Gruppe beteiligt waren. Das andere Mal aber wird der Vorschlag abgelehnt, weil lediglich Vertreter einer Interessengruppe mitgewirkt haben oder weil die Mitglieder der Gruppe nicht durch eine faire Wahl bestimmt worden sind. Dieser erste Weg, bei dem das eigentliche Gruppenergebnis und die Gruppenprozesse (Effizienz der Gruppe) für die Gruppeneffektivität selbst kaum eine Rolle spielen, ist überall dort zu beachten, wo Gruppen innerhalb eines organisationalen Kontextes arbeiten, in dem andere Personen (z. B. übergeordnete Vorgesetzte, Auftraggeber, Vertreter fremder Organisationen) mitbestimmen, wie die konkrete Arbeit der Gruppe zu beurteilen ist. Auch dort, wo es klare Vorschriften (z. B. Gesetze) und Erwartungen (Gewohnheiten) mit Blick auf die Zusammensetzung von Gruppen gibt und/oder wo die zu lösende Gruppenaufgabe keine eindeutige, sofort erkennbare Lösung hat, sind entsprechende Effekte wahrscheinlich besonders leicht nachzuweisen.

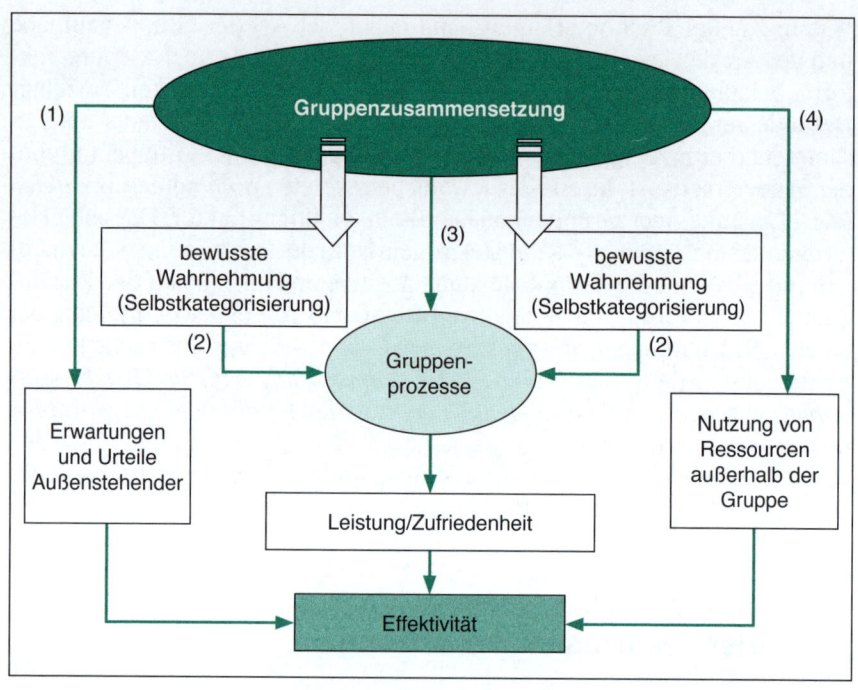

**Abbildung 2:**
Das Vier-Wege-Modell der Wirkungen von Gruppenzusammensetzungen (Wegge, 2003)

Beim zweiten und dritten Weg sind hingegen verschiedenste *Prozesse innerhalb der Arbeitsgruppe* (z. B. Konflikte, Wissensaustausch, Arbeitsteilung, Zielsetzungsprozesse, Veränderungen der Gruppenkohäsion) zur Erklärung heranzuziehen. Der Unterschied der beiden Wege beruht darauf, dass einmal eine *Selbstkategorisierung* der Gruppenmitglieder im Sinne der Wahrnehmung von Eigen- und Fremdgruppe (z. B. Mann vs. Frau, Psychologe vs. Jurist, Jung vs. Alt) nötig ist, um Effekte auszulösen, das andere Mal hingegen nicht. Beispiele wären die abnehmende Kooperationsbereitschaft aufgrund der Aktivierung von Vorurteilen gegenüber bestimmten Mitgliedern in der eigenen Arbeitsgruppe (etwa Ausländern; zweiter Weg) oder die Überlegenheit überwiegend männlich zusammengesetzter Gruppen bei Kraftaufgaben allein aufgrund der höheren Muskelmasse (dritter Weg). Betrachten wir diese beiden Wege etwas genauer.

**Eigen- und Fremdgruppen- kategorisierung**

**Theorie der sozialen Identität**

Nach der Theorie der sozialen Identität und der hiermit eng verknüpften Theorie der Selbstkategorisierung (zum Überblick Haslam, 2004) streben alle Menschen nach (Erhalt von) positivem Selbstwert. Um dieses Ziel zu erreichen, stellen Individuen u. a. soziale Vergleichsprozesse an, die auf der Basis von flexiblen, situationsabhängigen Selbstkategorisierungen stattfinden. Menschen können sich anhand verschiedenster Merkmale (z. B. Geschlecht,

20

Alter, Einstellungen, Abteilungszugehörigkeit) auf verschiedensten Abstraktionsebenen (z. B. einzigartiges Individuum, Mitglied der Gruppe X) kategorisieren und gewinnen einen Teil ihres Selbstwerts (soziale Identität) durch die Zugehörigkeit zu bestimmten Gruppen. Die einschlägige Forschung hat gezeigt, dass eine Selbstkategorisierung als Mitglied einer bestimmten Gruppe bzw. Kategorie (z. B. Mann, Mitglied der Abteilung Z, Psychologe, Autofahrer) dazu führt, dass Mitglieder der eigenen Gruppe („ingroup") positiver und homogener wahrgenommen und oft auch mehr bevorzugt werden als Mitglieder anderer Gruppen („outgroup"). Zudem wird das Verhalten der Person bei aktivierter Gruppenkategorisierung unwillkürlich durch solche Standards und Regeln bestimmt, die diese Gruppe definieren und die für die Gruppe in der besonderen Situation typisch sind. Die hier angeregten Prozesse sind sehr vielfältig, z. B. Polarisierung nach in- und outgroup, Benachteiligung der outgroup bei der Verteilung von Ressourcen, Verringerung der Gruppenkohäsion, Zunahme von sozialen (persönlichen) Konflikten oder Abnahme von Vertrauen, Kommunikation und sozialer Unterstützung mit Blick auf die outgroup. Dies kann unter bestimmten Umständen, z. B. wenn innerhalb einer interdependenten Arbeitsgruppe eine Differenzierung zwischen in- und outgroup stattfindet (z. B. Marketing vs. Verkauf), die Zusammenarbeit erheblich stören und eine Reihe negativer Effekte nach sich ziehen, etwa eine hohe Fluktuation, geringe Leistungen und geringes Wohlbefinden (van Knippenberg, de Dreu & Homan, 2004).

**Selbstkategorisierung und soziale Identität**

Geht man davon aus, dass die Selbstkategorisierung von Menschen ein *kontext*abhängiger und sehr *flexibler* Prozess ist, der u. a. von der einfachen Sichtbarkeit bzw. *Auffälligkeit* (Salienz) eines Merkmales mitbestimmt wird, so hat man eine erste theoretisch gut fundierte Antwort auf die Frage, *welche* Merkmale bei der Zusammensetzung von Gruppen besonders wichtig sein könnten – die nach kurzer Zeit (Interaktion) sofort erkennbaren Merkmale von Menschen (z. B. Geschlecht, Alter, Nationalität). Ob ich mich als Mitglied einer (Sub-)Gruppe X anhand eines Merkmals Y definiere, hängt jedoch nicht nur von der Auffälligkeit dieses Merkmals ab bzw. ob ein Merkmal in der Situation unter- oder überrepräsentiert ist. Es kommt ferner auch darauf an, ob mir die Existenz einer anderen Gruppe gerade bewusst ist (weil z. B. gerade darüber geredet wird) und ob das Ansehen der eigenen Gruppe von außen bedroht wird (in diesem Fall identifiziert man sich insgesamt eher mit der eigenen Gruppe bzw. Kategorie). Zudem spielt eine wichtige Rolle, ob die Kategorisierung gemäß eines bestimmten Merkmals (z. B. Mann vs. Frau) in der gegebenen Situation den Erwartungen der Person oder der von relevanten Vergleichs- und Bezugsgruppen entspricht. Weil genauere Vorhersagen zur Selbstkategorisierung von Menschen aufgrund der zahlreichen Variablen, die hier bedeutsam sind, keinesfalls trivial sind, verwundert es nicht, dass die vorliegenden Befunde in der Diversity-Forschung mit Blick auf einzelne Merkmale sehr heterogen ausfallen.

**Sichtbarkeit und Auffälligkeit von Merkmalen**

In Ergänzung zur Dimension der Auffälligkeit von Merkmalen schlagen einige Autoren vor, die Merkmale zudem danach zu klassifizieren, inwieweit sie eher einen unmittelbaren Bezug zur Aufgabenbearbeitung oder zu den *sozialen* Beziehungen zwischen den Gruppenmitgliedern haben. Stehen die sozialen Beziehungen im Vordergrund, wird zumeist das Auftreten von persönlichen, negativen *emotionalen Konflikten* als Folge hoher Heterogenität (oft in Kombination mit entsprechenden Selbstkategorisierungsprozessen) innerhalb der Gruppe als wahrscheinlich eingeschätzt, stehen hingegen *aufgabenbezogene* Merkmale im Vordergrund, vermutet man eher das Auftreten von *leistungsförderlichen kognitiven Konflikten* in Gruppen oder Synergieeffekte bei der Leistung. Die grundlegende Idee (vgl. Abb. 3) ist sicherlich interessant, es besteht jedoch kein Zweifel daran, dass von jedem Merkmal – je nach Gruppenaufgabe und aktueller Gruppenzusammensetzung – ganz unterschiedliche Wirkungen ausgehen können, selbst wenn zuvor entsprechende Selbstkategorisierungsprozesse stattfinden.

Zudem ist zu bedenken, dass kognitive Konflikte in Gruppen (z. B. Konflikte über die beste Bewältigung einer Aufgabe) auch ursächlich zu emotionalen bzw. persönlichen Konflikten führen können und umgekehrt. In

Emotionale und kognitive Konflikte in Gruppen

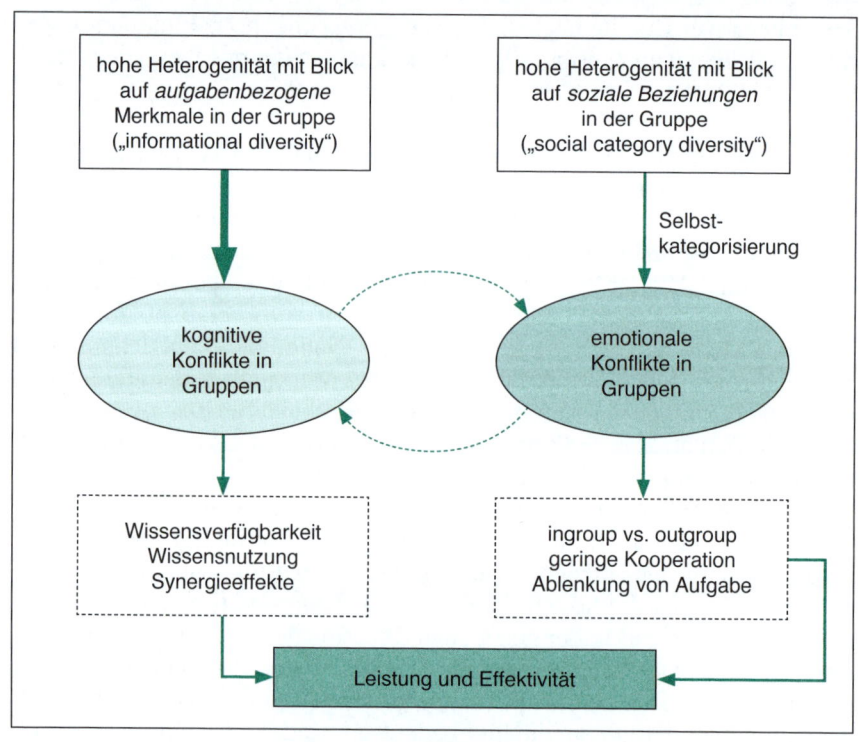

**Abbildung 3:**
Zwei Konflikttypen bei Gruppenarbeit

der neuesten Meta-Analyse zu dieser Frage haben deWitt, Greer und Jehn (2012) auf Basis von Daten aus 116 Studien mit 8880 Gruppen u. a. zeigen können, dass beide Konflikttypen zu $r = .52$ korrelieren. Darüber hinaus zeigte sich wie erwartet, dass insbesondere emotionale Konflikte negative Auswirkungen auf proximale Gruppenprozesse (z. B. $r = -.45$ für die Gruppenkohäsion, $r = -.47$ für Zufriedenheit) und die Teamleistung hatten ($r = -.15$). Sachkonflikte waren hingegen weniger deutlich mit diesen Größen korreliert, z. B. $r = .01$ mit Blick auf die Gruppenkohäsion und $r = -.01$ in Hinsicht auf die Gruppenleistung. Positive Effekte von Sachkonflikten zeigten sich aber dann, wenn der Zusammenhang zwischen beiden Konflikttypen gering ausgeprägt war und zwar nur bei Topmanagement-Teams. Dies spricht dafür, dass Sachkonflikte insbesondere dann förderlich für die Teamleistung sind, wenn der Streit in der Sache die persönlichen Beziehungen nicht beeinträchtigt (geringe Korrelationen der Konflikttypen) und wenn Auseinandersetzungen in der Sache sich auch lohnen, weil schwierige, innovative Lösungen zu erarbeiten sind.

Emotionale und kognitive Konflikte korrelieren recht stark

Die hier gedachte Ereigniskette, dass erst die Wahrnehmung von Unterschieden zur Verschärfung von persönlichen Konflikten führt, was über eine Abnahme der Kooperationsbereitschaft die Gruppenleistung beeinträchtigt, ist für einige Merkmale von Gruppenmitgliedern leicht einsichtig (man denke z. B. an Konflikte aufgrund verschiedener Ziel- und Wertvorstellungen). Es lassen sich aber genauso mühelos Beispiele dafür finden, dass eine bewusste Wahrnehmung von Unterschieden in der Gruppe *nicht* nötig ist, um positive wie negative Effekte beobachten zu können.

Arbeiten in einer Gruppe z. B. deutlich mehr Männer als Frauen, so wird die Leistung der überwiegend männlich besetzten Gruppe bei Aufgaben, in denen das Heben, Tragen oder Ziehen von schweren Gewichten gefordert ist, allein aufgrund der durchschnittlich größeren Muskelkraft der Männer besonders gut ausfallen. Ferner ist nach der Ähnlichkeits-Attraktions-Theorie davon auszugehen, dass *allein* die Ähnlichkeit zwischen Menschen für verschiedenste Merkmale wie z. B. Größe, Herkunft oder Einstellungen zu höherer Attraktivität und Gefühlen der Sympathie und Zusammengehörigkeit führt, was in Gruppen die Leistung in vielen Fällen positiv beeinflusst. Warum man die anderen Gruppenmitglieder besonders sympathisch findet, ist den Mitgliedern der Gruppe aber oft nicht bewusst und muss auch keinesfalls in der Gruppe thematisiert werden, damit entsprechende Wirkungen auftreten. Ergänzen wir hier noch ein drittes, fiktives Beispiel. Ein Flugzeug muss notlanden und die Besatzung kommt hierbei leider um. Möchten Sie gerne Passagier sein, wenn keiner der Personen, die sich bereit erklären, das Flugzeug aus dem verlassenen Wüstenstreifen hinaus zu fliegen, eine Ausbildung als Pilot hat? Es sei sofort eingestanden, dass nach der Notlandung vermutlich intensiv darüber geredet wird, wer als neuer Pilot am besten geeignet ist. Die Auseinandersetzung um die optimale Lösung wird – und das ist hier das Argument – aber kaum dazu führen, dass die Gruppe

Ähnlichkeits-Attraktivitäts-Theorie

23

letztlich erfolgreich sein wird, weil hierzu spezielle Kenntnisse und Fertigkeiten erforderlich sind, die zumindest ein Gruppenmitglied haben sollte, ob man dies nun vorher bewusst wahrnimmt und darüber redet oder auch nicht.

Was ist zum *dritten Weg* – direkte Effekte der Gruppenzusammensetzung *ohne* vorherige Selbstkategorisierungsprozesse – an wichtigen Einsichten zu ergänzen? Und warum ist es eigentlich hilfreich, den zweiten vom dritten Weg zu differenzieren? Mit Blick auf die erste Frage können wir auf die Forschung zur Informationsverarbeitung in Gruppen hinweisen (siehe z. B. Mesmer-Magnus & DeChurch, 2009). In dieser Forschung erwartet man in der Regel, dass mit einer zunehmend heterogenen Zusammensetzung von Gruppen die Gruppenleistung bei (nicht trivialen) Entscheidungs- und Problemlöseaufgaben steigt, weil der Gruppe in diesem Fall mehr Wissen zur Verfügung steht und voreiligen Kompromissen sowie einer verzerrten Informationsverarbeitung („groupthink") aufgrund kognitiver Konflikte besser entgegengewirkt werden kann. Diese Theorie wird durch die Befunde gut gestützt. Es darf aber nicht übersehen werden, dass es einer Person, welche die richtige Lösung eines nicht ganz einfach zu durchschauenden Problems kennt, zumeist erst dann gelingt, die Gruppe zu überzeugen, wenn sie zumindest von *einer* weiteren Person dabei unterstützt wird („supported truth wins"). Die Entwicklung und Durchsetzung guter Problemlösungen in Gruppen erfordert bei vielen Entscheidungs- und Problemlöseaufgaben demnach die Berücksichtigung und (verständliche) Kommunikation von zuvor ungeteiltem (neuem) Wissen, das für die Bearbeitung des besonderen Problems insgesamt kompatibel ausfallen sollte, wobei ein mittleres Ausmaß an Wissensheterogenität innerhalb einer Gruppe angesichts der bekannten Gruppenprozesse (nur die unterstützte Wahrheit gewinnt) am günstigsten erscheint.

Zur Klärung der Frage, wie eine bestimmte Gruppenzusammensetzung die Effektivität einer Gruppe beeinflussen kann, ist also eine Vielzahl verschiedener vermittelnder Gruppenprozesse – auf Grundlage der vorliegenden Theorien und Befunde – zu beachten. Dies ist in Tabelle 3 noch einmal verdeutlicht. Die hier präsentierte Liste unterteilt die relevanten Prozesse in drei Bereiche: Veränderungen bei den Handlungen der Gruppenmitglieder, auch bei der Führungskraft (konativ), Veränderungen bei grundlegenden gedanklichen Prozessen (kognitiv) und Veränderungen bei motivationalen bzw. emotionalen Prozessen, die im Wesentlichen der Selbstregulation eigenen Handelns dienen.

Die meisten in Tabelle 3 angeführten Prozesse dürften auf Basis der bisherigen Erörterungen gut nachvollziehbar sein, mit Blick auf die motivationalen Variablen erscheinen aber noch einige zusätzliche Kommentare angebracht. Zunächst ist zu beachten, dass Menschen in Abhängigkeit von der

**Informationsverarbeitung in Gruppen**

**Gruppenzusammensetzung löst unterschiedliche leistungsrelevante Gruppenprozesse aus**

24

**Tabelle 3:**

Übersicht von leistungsrelevanten Prozessen in Gruppen, die aufgrund der Zusammensetzung von Gruppen unterschiedlich ausfallen können

| Konative Prozesse | Kognitive Prozesse | Motivationale Prozesse |
|---|---|---|
| – Arbeitsteilung<br>– Gewährung von Hilfe<br>– Kommunikationsintensität<br>– Koalitionsbildung<br>– Fluktuation<br>– Art der Mitarbeiterführung | – Selbstkategorisierung<br>– kognitive Konflikte<br>– Ursachenerklärungen<br>– Such- und Erinnerungs-<br>  prozesse im Gedächt-<br>  nis | – Bildung von Zielen<br>– emotionale Konflikte<br>– Motivationsgewinne<br>– Motivationsverluste<br>– Gruppenstimmungen<br>– Gruppenkohäsion |

Gruppenzusammensetzung ganz unterschiedliche Ziele verfolgen können, was nach den Erkenntnissen der Zielsetzungstheorie erhebliche Konsequenzen für das eigene Handeln und die Leistung haben wird (Locke & Latham, 2006). Ferner gibt es eine Reihe von gruppenspezifischen Motivationsverlusten (z. B. sozialer Müßiggang, soziale Ängstlichkeit) und Motivationsgewinnen, z. B. das sich Aufopfern für die eigene Gruppe, obwohl einzelne Gruppenmitglieder schlechte Leistungen zeigen, die sehr wahrscheinlich auch in Folge der Gruppenzusammensetzung mehr oder weniger deutlich angeregt werden (Wegge, 2004, 2014). Auch zur Bedeutung von Gruppenstimmungen liegen inzwischen zahlreiche Forschungsbefunde vor, die zeigen, dass von solchen Stimmungen eigenständige Wirkungen ausgehen (Kelly & Barsade, 2001). Das Entstehen von Gruppenstimmungen ist nach den heute vorliegenden Erkenntnissen oft von der Zusammensetzung der Gruppen beeinflusst. Auch dieser Teilbefund zeigt, dass es nicht genügen kann, allein auf die Entstehung von (kognitiven und emotionalen) Konflikten in Gruppen und die Möglichkeit der Ergänzung isolierten Wissens im Sinne von Synergieeffekten hinzuweisen, wenn man anstrebt, die Wirkungen unterschiedlicher Gruppenzusammensetzungen zu verstehen und zu erklären. Die hier präsentierte Liste, die ohne Frage noch zu ergänzen wäre, weist auf Alternativen zu den derzeit beliebten Konfliktmodellen hin, welche in der weiteren Forschung mehr zu beachten wären.

Betrachten wir abschließend noch den *vierten Weg* (vgl. Abb. 3), auf dem eine bestimmte Gruppenzusammensetzung wirksam werden kann. Dieser wurde in der psychologisch fundierten Forschung zur Gruppenzusammensetzung bisher nur am Rande beachtet. Wie beim ersten Weg sind hier keinerlei direkt beobachtbaren Prozesse innerhalb einer Arbeitsgruppe beteiligt, weil für die Effekte der Gruppenzusammensetzung solche Prozesse verantwortlich sind, die *außerhalb der eigentlichen Arbeit in der Gruppe* auftreten. Die Gruppenzusammensetzung nimmt hier deshalb Einfluss auf die Effektivität, weil Handlungen ausgeführt (unterlassen) werden, die auf außenstehende Personen zielen, die für das Entstehen und die Beurteilung der Gruppenleistungen relevant sind. Ein gutes Beispiel ist der von Gladstein-Ancona und Caldwell (1992) berichtete Befund, dass in bereichsheterogen zusammengesetzten Gruppen mehr Kontakte bestehen und genutzt werden, sodass die Effektivität dieser Gruppen höher ausfällt. Dies bestätigt auch die Meta-Analyse von Hülsheger, Anderson und Salgado (2009) zu den Determinanten der Innovation in Arbeitsgruppen. Hier wurde gefunden, dass die Innovationsleistung von Teams zu $r = .47$ mit der Intensität der *externen* Kommunikation korrelierte. Solche Gruppen, die mehr mit Personen außerhalb ihrer Gruppe kommunizierten, waren innovativer, vermutlich weil damit neues (ungeteiltes) Wissen in das Team importiert wird und produktive Sachkonflikte entstehen, die Perspektivenvielfalt und Kreativität begünstigen. Vielfalt in Teams kann also auch deshalb positive Leistungseffekte haben, weil mit der Vielfalt der Teammitglieder das *gruppenexterne* soziale Kapital im Sinne sozialer Netzwerke zunimmt, die für die Aufgabenerledigung hilfreich sind.

**Externe Kommunikation erhöht Perspektivenvielfalt**

Die Beachtung der vier verschiedenen Wege, auf denen die Gruppenzusammensetzung wirksam werden kann, ist für die weitere Forschung wichtig. Es kann hiermit nämlich verständlich gemacht werden, dass vom selben Merkmal (z. B. Geschlecht, Nationalität) Wirkungen auf den Gruppenprozess und die Gruppeneffektivität ausgehen können, die sich – über diese verschiedenen Wege vermittelt – *ergänzen, widersprechen oder sogar aufheben können*. Unterschiede bei der Nationalität (Kulturzugehörigkeit) der Gruppenmitglieder könnten z. B. gleichzeitig die Kooperationsbereitschaft innerhalb einer Gruppe reduzieren, weil man mit der jeweiligen Fremdgruppe (outgroup) nicht gerne zusammen arbeitet (zweiter Weg) und weil ein unterschiedliches Hierarchiedenken in den Kulturen zudem die Kommunikation erschwert (dritter Weg). Dass hier dennoch oft besonders gute Ideen für Problemlösungen entwickelt werden, weil unterschiedliches Wissen in der Gruppe verfügbar ist und geäußert wird (dritter Weg), kann dazu führen, dass man keinerlei Effekte findet oder – je nach Stärke der Prozesse – beobachtet, dass plurikulturell zusammengesetzte Gruppen besonders gute Problemlösungen erarbeiten (Stahl et al., 2010).

**Widersprüchliche Effekte sind zu erwarten**

Differenziert man die verschiedenen Wege und damit zusammenhängenden Prozesse, wird also verständlich, warum in einigen Studien trotz plausibler Hypothesen keine Effekte zu finden sind und manchmal entgegengesetzte Phänomene (z. B. gute Leistung aber geringer Gruppenzusammenhalt) mit Blick auf dasselbe Diversity-Merkmal auftreten. Wir sehen: Die Analyse und das Management von Diversity ist ein überaus komplexes, vernetztes Problem. Neuerdings wird auch diskutiert, wie sich die Teamzusammensetzung in Abhängigkeit von der Teamphase bzw. über die Zeit hinweg verändert (Mathieu et al., 2014) und inwieweit strukturelle Unterschiede in den einzelnen Rollen der Teammitglieder oder deren Status relevant sind, was in Zukunft sicherlich noch zu theoretischen Weiterentwicklungen führen wird.

26

## 2.3 Alter und berufliche Leistungen

Der demographische Wandel – *wir schrumpfen, altern und werden gleichzeitig immer „bunter"* – wird nicht nur wegen des in vielen Branchen schon realen Fachkräftemangels, sondern auch deshalb als Bedrohung erlebt, weil erwartet wird, dass mit zunehmendem Alter berufliche Leistungen allgemein abnehmen. Manchmal wird diese Sorge auf ganz bestimmte Leistungsmerkmale eingeschränkt, etwa die Kreativität und Innovationskraft der Belegschaft (z. B. Dworschak, Buck, Nübel & Weiß, 2012). Weit verbreitet sind auch die Annahmen, dass ältere Personen weniger leistungsmotiviert sind als Jüngere, mehr Gesundheitsprobleme bei der Arbeit haben, dass sie im Umgang mit Kollegen und Vorgesetzten anspruchsvoller oder selbstzentrierter seien, dass sie Veränderungen eher ablehnend gegenüber stehen, dass sie mehr Zeit in ihre Familien anstatt in die Arbeit investieren und dass sie weniger bereit seien, Neues zu lernen (Ng & Feldman, 2012). Was ist von solchen Annahmen zu halten?

Umfangreiche laborexperimentelle Untersuchungen lassen in der Tat erkennen, dass mit zunehmendem Lebensalter Leistungsminderungen in einer Reihe von basalen physiologischen und psychischen Funktionen einhergehen wie z. B. Sehen und Hören, motorische Koordination, Reaktionsvermögen, Geschwindigkeit der Informationsverarbeitung, Kapazität und Genauigkeit des Arbeitsgedächtnisses sowie Aufmerksamkeitskontrolle und Informationsselektion (Rhodes, 2004; Wegge, Frieling & Schmidt, 2008). Solche Befunde haben die Grundlage für die Entwicklung und Verbreitung des sogenannten „Defizitmodells" des Alters gelegt, das davon ausgeht, dass Alter *unweigerlich* mit zunehmenden irreversiblen Leistungseinschränkungen und -einbußen einhergeht, die sich auch in einer *verminderten* Arbeitsproduktivität Älterer niederschlagen sollten. Dies wirft die Frage auf: Gehen mit zunehmendem Lebensalter tatsächlich Einschränkungen in *beruflichen Leistungen* einher und wenn ja, wie stark fallen diese Leistungseinschränkungen aus? Mittlerweile liegen einige Meta-Analysen vor, die dieser Frage nachgegangen sind.

Leistungseinschränkungen und Lebensalter

Die Meta-Analyse von Waldman und Avolio (1986) lieferte die erste quantitative Integration von Befunden über den Zusammenhang zwischen Lebensalter und beruflichen Leistungen. In diese Meta-Analyse konnten 13 Einzelstudien mit 40 unabhängigen Stichproben einbezogen werden. Waldman und Avolio (1986) haben diese Stichproben nach drei Kriterien bzw. Maßen der Arbeitsleistung klassifiziert und getrennten Meta-Analysen unterzogen. Die herangezogenen Maße der Arbeitsleistung basierten auf (a) Vorgesetztenurteilen, (b) Kollegenurteilen oder (c) objektiven Produktivitätsindikatoren (wie z. B. Anzahl gefertigter Teile, Anzahl von Patenten, Publikationen etc.). Für objektive Produktivitätsindikatoren ermittelten die Autoren eine artefaktbereinigte Durchschnittskorrelation von $r = .27$ mit dem Lebensalter; für Kollegenurteile der Leistung fiel die entsprechende Durch-

Lebensalter und berufliche Leistungen

schnittskorrelation mit .10 etwas geringer aus. Das heißt, in beiden Maßen spiegelt sich ein *Anstieg* der Leistung mit zunehmendem Lebensalter wider. Die Vorgesetztenurteile der Leistung standen dagegen in einem schwachen negativen Zusammenhang ($r=-.14$) mit dem Lebensalter. Die diesen Durchschnittskorrelationen zugrunde liegenden Einzelkorrelationen variierten allerdings beträchtlich und schlossen sowohl Korrelationen mit positiven als auch mit negativen Vorzeichen ein. Die negative Durchschnittskorrelation mit Vorgesetztenurteilen führen Waldman und Avolio (1986) darauf zurück, dass Vorgesetztenurteile der Leistung stärker als Kollegenurteile und objektive Produktivitätsmaße dem verzerrenden Einfluss von Alters*vorurteilen* ausgesetzt sind, die – wie oben erwähnt – mit zunehmendem Alter eine Abnahme der Arbeitsleistung erwarten. Insgesamt belegen die metaanalytischen Befunde von Waldman und Avolio (1986), dass die ermittelten Alters-Leistungs-Zusammenhänge beträchtlich variieren und im Schnitt eher schwach ausfallen.

Der Meta-Analyse von McEvoy und Cascio (1989) lag mit 65 Einzelstudien und 96 unabhängigen Stichproben eine erheblich breitere Datenbasis zugrunde. Unter Einbezug aller Stichproben ermittelten die Autoren eine artefaktbereinigte Durchschnittkorrelation zwischen Lebensalter und beruflicher Leistung von $r=.06$. Das 95 % -Vertrauensintervall um diesen Mittelwert schloss den Wert von 0 mit ein. Diese Beobachtungen ließen McEvoy und Cascio (1989) zu dem Schluss gelangen, dass *kein* bedeutsamer Zusammenhang zwischen Lebensalter und beruflicher Leistung existiert. Im Unterschied zu Waldman und Avolio (1986) konnten McEvoy und Cascio (1989) darüber hinaus keine Belege dafür finden, dass die Art der erhobenen Leistungsmaße die Stärke des Alters-Leistungs-Zusammenhangs beeinflusst.

**Kein bedeutsamer Zusammenhang zwischen Alter und beruflicher Leistung**

Während die Meta-Analysen von Waldman und Avolio (1986) und McEvoy und Cascio (1989) sich ausschließlich auf Studien konzentrierten, die als Alterskorrelate *aufgabenbezogene* Leistungen berücksichtigten, hat eine neuere Meta-Analyse von Ng und Feldman (2008) neun weitere Leistungsfacetten in ihren Zusammenhängen mit Alter analysiert (Kreativitätsleistungen, Leistungen in Trainingsprogrammen, „Organizational Citizenship Behavior [OCB]" wie Unkompliziertheit und Hilfeverhalten bei der Arbeit, Arbeitssicherheitsverhalten, kontraproduktives Arbeitsverhalten, Aggressionen am Arbeitsplatz, Drogenmissbrauch während der Arbeit, Unpünktlichkeit sowie Abwesenheitsverhalten). Datengrundlage waren 380 Einzelstudien mit 438 unabhängigen Stichproben. Die Meta-Analyse ließ folgende Zusammenhänge erkennen: *Aufgabenbezogene* Arbeitsleistungen stehen in *keinem* bedeutsamen Zusammenhang mit dem Alter. Die entsprechenden Durchschnittskorrelationen lagen bei Vorgesetztenurteilen bei $r=.02$, bei objektiven Leistungsmaßen bei .03 und bei Selbsturteilen bei .06. *Kreativitätsleistungen* weisen ebenfalls *keine* bedeutsamen Alterszusammenhänge

28

auf (.01 für Vorgesetztenurteile und Selbsturteile; vgl. hierzu auch die neuere Meta-Analyse von Ng & Feldmann, 2013a, mit identischem Ergebnis). Der Zusammenhang mit *Trainingsleistungen fiel* dagegen negativ, mit –.04 aber ebenfalls schwach aus. Das heißt, ältere Personen erzielen im Rahmen von Trainingsprogrammen geringfügig schlechtere Leistungen als Jüngere. Für die anderen berücksichtigten Leistungsfacetten konnten dagegen bedeutsame Alterszusammenhänge nachgewiesen werden. Im Einzelnen zeigte sich, dass ältere Personen

Alter und andere Leistungsmerkmale

– mehr Arbeitsengagement über die eigentliche Aufgabenerfüllung hinaus aufbringen (.06 für Fremdurteile, .08 für Selbsturteile),
– Sicherheitsvorschriften stärker beachten (.10) und weniger Unfälle begehen (–.08),
– weniger kontraproduktives Arbeitsverhalten zeigen (–.09 für Fremdurteile, –.12 für Selbsturteile),
– weniger aggressiv auftreten (–.08),
– weniger zu Alkohol- und Drogenmissbrauch neigen (–.07),
– seltener unpünktlich am Arbeitsplatz erscheinen (–.26 für objektive Indikatoren und Vorgesetztenurteile), sowie schließlich
– seltener der Arbeit fernbleiben (–.26 für objektive Fehlzeiten; lediglich in krankheitsbedingten Fehlzeiten zeigt sich ein positiver, wenngleich mit .02 schwacher Alterszusammenhang).

Diese Ergebnisse belegen insgesamt, dass ältere Personen einen wirksamen Beitrag zur Arbeitsproduktivität (außerhalb ihrer formal zugewiesenen Aufgaben) leisten. Das Stereotyp, dass ältere Personen weniger produktiv seien, wird durch die Meta-Analyse von Ng und Feldman (2008) nicht nur nicht bestätigt, vielmehr ist das Gegenteil der Fall. Der nicht bedeutsame Zusammenhang zwischen Alter und aufgabenbezogenen Leistungen entspricht weitgehend den älteren meta-analytischen Befunden. Als Ursachen für das Ausbleiben eines Alterszusammenhangs mit aufgabenbezogenen Leistungen bringen Ng und Feldman (2008) zwei Argumente ins Spiel. Aufgabenbezogene Leistungsanforderungen sind in Arbeitskontexten klar umrissen und stellen „starke" Situationen dar, von denen ein entsprechend starker Druck auf Anforderungserfüllung ausgeht, der mögliche interindividuelle Unterschiede maskiert. Andererseits könnte der sogenannte „Healthy-worker"-Effekt das Auftreten einer (negativen) Korrelation zwischen Alter und aufgabenbezogenen Leistungen verhindert haben. Demnach verlassen leistungsschwache Mitarbeiter (auf eigenen Wunsch oder fremdveranlasst) das Unternehmen, sodass langfristig nur solche Mitarbeiter im Unternehmen verbleiben, die die aufgabenbezogenen Anforderungen erfüllen (Jones, Latreille, Sloane & Staneva, 2013).

„Healthy-worker"- Effekt

Eine alternative Erklärung für den nicht bedeutsamen bzw. schwachen Zusammenhang zwischen Alter und aufgabenbezogenen Arbeitsleistungen kann das Modell der selektiven Optimierung und Kompensation (SOK-

Modell) von Baltes und Baltes (1989) bieten. Dieses Modell beschreibt das Zusammenspiel von Mechanismen, vermittels derer ältere Personen *trotz* zunehmender altersbedingter Funktionseinschränkungen durch bestmögliche Nutzung der vorhandenen Ressourcen ihr Leistungsvermögen aufrechterhalten bzw. optimal einsetzen können. Der erste Mechanismus, die *Selektion*, ermöglicht es, unter den verfügbaren Handlungsalternativen diejenigen auszuwählen, die am einfachsten zu realisieren sind und die die stärksten Leistungseffekte versprechen. Durch den zweiten Mechanismus, die *Optimierung*, werden die selektierten Handlungen kontinuierlich (z. B. durch Übung) verbessert und optimiert. Der dritte Mechanismus, die *Kompensation*, zielt schließlich darauf ab, die zunehmenden Funktionseinschränkungen zum Teil oder ganz mit anderen Verhaltensmitteln oder neu erworbenen bzw. zuvor ungenutzten Ressourcen auszugleichen. So können z. B. Leistungseinbußen des Arbeitsgedächtnisses durch die gezielte Nutzung von „Merkzetteln" am Computer oder Maschinen kompensiert werden. Nach dem SOK-Modell kann also davon ausgegangen werden, dass im Rahmen der natürlich ablaufenden Alterungsprozesse die Fähigkeit des Menschen zur Verhaltensänderung erhalten bleibt (innerhalb interindividuell variierender Grenzen).

Das sogenannte „Defizitmodell" des Alters ist demnach – zumindest mit Blick auf die Lebensarbeitsspanne – *recht gut widerlegt*. Dies gilt auch deshalb, weil die individuelle Leistungsfähigkeit nicht nur durch das Alter, sondern durch eine Vielzahl anderer Faktoren mitbestimmt ist (vgl. auch Kap. 4). Sowohl für die körperliche als auch für die intellektuelle Leistungsfähigkeit gilt hier z. B., dass diese in jedem Lebensalter durch gezielte Trainings deutlich erhöht werden kann (Rüdiger, 2009).

Kommen wir abschließend noch einmal auf die eingangs angesprochenen, weit verbreiteten Annahmen zur allgemeinen Problematik älterer Mitarbeiter im Arbeitsleben zurück. Die Meta-Analyse von Ng und Feldman (2012) hat ergeben, dass hier mit einer Ausnahme in der Tat von Vorurteilen zu sprechen ist. Ältere sind also nicht weniger leistungsmotiviert oder gesund als Jüngere (vgl. hierzu auch Ng & Feldman, 2013b), noch sind sie im Umgang mit Kollegen und Vorgesetzten schwieriger oder innovationsfeindlicher. Sie verbringen auch nicht mehr Zeit in ihren Familien. Es zeigte sich aber, dass ältere Mitarbeiter in der Tat weniger bereit sind, sich weiterzubilden und ihre Karriere zu entwickeln. Die hier gefundenen Zusammenhänge mit dem Alter sind allerdings eher schwach ausgeprägt (z. B. $r = -.14$ mit der Lernmotivation oder $r = -.05$ mit der Motivation, an Trainings bei der Arbeit teilzunehmen). Wir kommen auf mögliche Unterschiede mit Blick auf die Motivation über die Lebensarbeitsspanne noch einmal zurück, wenn wir das Konzept des alter(n)sgerechten Führens vorstellen (vgl. Kap. 3.3).

## 2.4 Entwicklung eines Modells für die Zusammenarbeit von Jung und Alt

Die im vorherigen Abschnitt beschriebenen Ergebnisse über den Zusammenhang zwischen Alter und Arbeitsleistungen könnten erwarten lassen, dass es für die Arbeitsproduktivität von Gruppen oder Teams eigentlich keine Rolle spielt, ob und wie stark sich die Gruppenmitglieder in Bezug auf ihr Alter *unterscheiden*. Jung und Alt sind – im Wesentlichen – ja gleich produktiv bei der Arbeit, und wo es Unterschiede gibt, sprechen diese eher für die Älteren. Die in der Literatur dominierenden Ansätze zur Erklärung von Wirkungen unterschiedlicher Teamzusammensetzungen (vgl. die Wege 2 und 3 aus Abb. 3 in Kap. 2.2) legen allerdings *andere* Vorhersagen nahe. Demnach sollte die Altersheterogenität in Gruppen aus zumindest zwei Gründen einen bedeutsamen Einfluss auf Indikatoren der Arbeitsproduktivität ausüben.

Nach der Theorie der sozialen Identität (Haslam, 2004) ist davon auszugehen, dass in altersheterogenen Gruppen das gut sichtbare Merkmal des Alters von Personen zur Selbstdefinition leicht herangezogen wird bzw. salient wird. Die Salienz der Altersheterogenität sollte dann die Bildung von altershomogenen Subgruppen begünstigen, denen man sich aufgrund von Ähnlichkeitsurteilen zugehörig fühlt. Dieses Zugehörigkeitsgefühl geht mit einer positiven Bewertung der Mitglieder der eigenen Subgruppe einher, während die Mitglieder der jeweiligen Fremdgruppe eine negative Bewertung erfahren, bis hin zur Diskriminierung und abwertenden Ausgrenzung der Fremdgruppe. Von diesen polarisierenden Bewertungen, welche die Subgruppenbildung verstärken, wird angenommen, dass sie sich in emotionalen Konflikten niederschlagen. Da emotionale Spannungen und Konflikte bedeutsame Ressourcen der Gruppenmitglieder wie Aufmerksamkeit und Zeit binden sowie die Interaktionen in der Gruppe stören, sollten sie sich in Beeinträchtigungen der Gruppenproduktivität niederschlagen. Auch nach der Ähnlichkeits-Attraktivitäts-Theorie wäre eine stark ausgeprägte Altersheterogenität eher kontraproduktiv, weil damit die Ähnlichkeit der Personen (nicht nur mit Blick auf das Alter, sondern ggf. auch in Hinsicht auf andere, korrelierte Merkmale wie z. B. Erfahrungen in der Elternrolle, allgemeine Lebenseinstellungen) abnimmt und somit die Harmonie sinkt.

Modelle der Informationsverarbeitung und Entscheidungsfindung in Gruppen nehmen hingegen andere gruppeninterne Prozesse an, welche durch die Altersheterogenität angeregt werden können. In altersheterogenen Gruppen sind altersabhängige Unterschiede in den aufgabenbezogenen Erfahrungs- und Wissensbeständen der Gruppenmitglieder vorhanden. Auch altersbezogene Unterschiede in Arbeitsstilen und (generational) geprägten Werten und Einstellungen zur Arbeit sollten sich im alltäglichen Arbeitsverhalten niederschlagen und zu einem intensiveren Austausch und Elaboration von Vorstellungen darüber führen, unter Einsatz welcher Methoden und Arbeitsstrategien

*Theorie der sozialen Identität*

*Modelle der Informationsverarbeitung und Entscheidungsfindung in Gruppen*

die Gruppenaufgaben am effektivsten bewältigt werden können. Von diesen aufgabenbezogenen Austausch- und Elaborationsprozessen, die in der Literatur auch als kognitive Konflikte umschrieben werden, wird erwartet, dass sie dazu beitragen, diejenigen Methoden und Strategien zu identifizieren und auszuwählen, die den größten Produktivitätsgewinn versprechen. Weil Unterschiede im Alter auch mit Unterschieden im allgemeinen Wissen (berufliche Erfahrung) und mit Kenntnissen der Organisation (Dauer der Betriebszugehörigkeit) zusammenhängen, die für die Bearbeitung der Teamaufgaben relevant sind, sollten in altersheterogenen Teams eine bessere Wissensnutzung und die Erarbeitung besserer Problemlösungen die Folge sein.

Um den Ursachen und Bedingungen der Auswirkungen der Zusammenarbeit von Alt und Jung im Team auf den Grund zu gehen, haben die Autoren über sechs Jahre ein von der Deutschen Forschungsgemeinschaft gefördertes Projekt durchgeführt: das Projekt ADIGU (Altersheterogenität von Arbeitsgruppen als Determinante von Innovation, Gruppenleistungen und Gesundheit). Im Rahmen dieser Arbeiten wurden zahlreiche Daten in mehr als 800 natürlichen Arbeitsgruppen mit über 6000 Beschäftigten gesammelt, wobei sowohl aufgabenbezogene Gruppenleistungen als auch Innovationsleistungen und Auswirkungen auf die Gesundheit als Kriteriumsvariable analysiert wurden (Ries et al., 2013; Wegge, Jungmann et al., 2012). Zudem wurde eine für Deutschland repräsentative Telefonumfrage bei 2000 Erwerbstätigen durchgeführt (Wegge, Jungmann, Schmidt & Liebermann, 2011). Zentrale Grundlage für diese Arbeiten war das in Abbildung 4 dargestellte Forschungsmodell, das die oben erörterten Ansätze integriert und nach den heute vorliegenden Ergebnissen auch eine sehr solide Basis für das Management altersgemischter Teams liefert.

**Integratives Modell der Produktivitätswirkungen altersheterogener Gruppen**

Das Modell postuliert, dass Altersheterogenität in der Regel eher mit einer Abnahme der Gruppeneffektivität einhergeht, weil die Altersvielfalt positiv mit kontraproduktiven Konflikten im Team korreliert (vgl. Joshi & Roh, 2009). Der Zusammenhang zwischen der Altersheterogenität und den Konflikten soll dabei durch die Salienz (gedankliche Auffälligkeit) der Altersheterogenität vermittelt werden. Zudem sind vier Bedingungen als bedeutsame Faktoren der Effektivität altersgemischter Teamarbeit aufgeführt. Die Arbeit in altersgemischten Teams sollte effektiver ausfallen, wenn
- das Teamklima positiv ausgeprägt ist,
- die Wertschätzung für Altersunterschiede bei den Teammitgliedern hoch ausgeprägt ist,
- die Vorurteile gegenüber älteren Mitarbeitern im Team gering sind, sodass auch wenig Altersdiskriminierung erlebt wird,
- die Arbeitsaufgaben eine hohe Komplexität aufweisen und kontinuierliche Lernanforderungen (möglichst ohne Zeitdruck) stellen.

Im Sinne des „Relational-demography"-Ansatzes, der darauf hinweist, dass einzelne Personen in einem Team von dessen Diversität ganz unterschied-

32

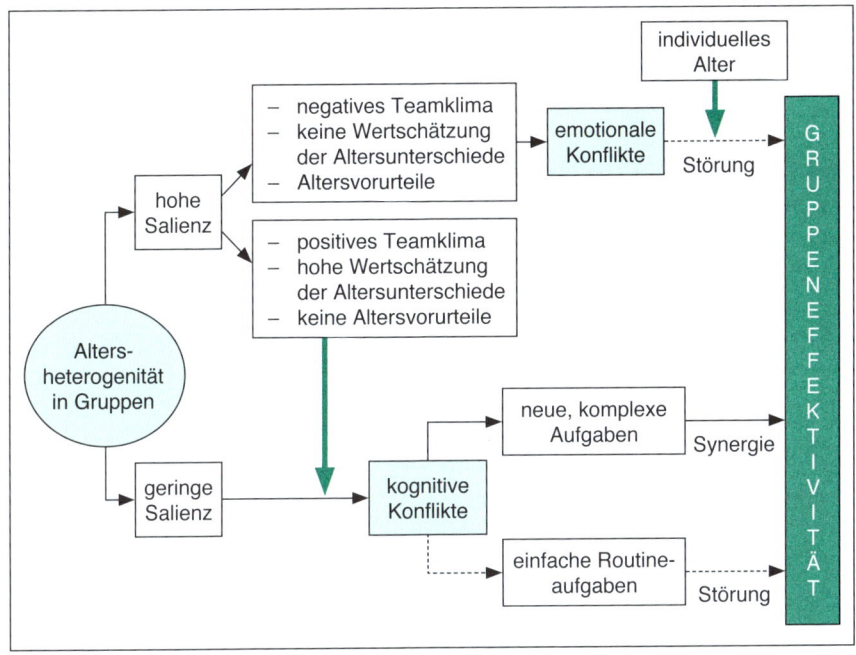

**Abbildung 4:**
Ein integratives Modell der potenziellen Produktivitätswirkung von Altersheterogenität
bei Gruppenarbeit

lich betroffen sein können (vgl. Kap. 1.2), konnten wir zum Ende der Projektarbeiten auch das individuelle Alter als fünften wichtigen Moderator des Zusammenhangs zwischen Altersdiversität und Gesundheit identifizieren (Liebermann, Wegge, Jungmann & Schmidt, 2013). Es zeigte sich, dass jüngere (unter 30) und ältere Personen (über 50) mehr darunter leiden, in einem altersdiversen Team zu arbeiten, als dies bei mittelalten Personen (zwischen 30 und 50) der Fall ist (vgl. Kap. 2.4.6).

Zur Erfassung der Salienz des Alters und der Wertschätzung von Altersheterogenität wurden im Rahmen des Projekts neue Fragebögen entwickelt (vgl. untenstehender Kasten), auf die später noch genauer eingegangen wird. Angesichts der vielfältigen Befunde, die das ADIGU-Modell stützen, wurde ein darauf aufbauendes Training für Führungskräfte entwickelt. Das Training richtet sich an Führungskräfte, da vor allem deren Einstellungen und Verhalten einen wichtigen Einfluss auf die Arbeitsfähigkeit älterer Mitarbeiter hat. Es zielt darauf ab, ein positives Bewusstsein für Altersdiversität zu schaffen, Altersstereotype und Diskriminierung zu reduzieren und das Verhalten entsprechend zu ändern (vgl. Kap. 5). Die ersten Ergebnisse zeigen, dass das Training die erwarteten Effekte entfaltet, weil Vorurteile gegenüber Älteren verringert und emotionale Spannungen reduziert werden

(Jungmann, Wegge, Liebermann, Ries & Schmidt, in revision). Im Folgenden illustrieren wir die Kernaussagen des Modells mit jeweils einer beispielhaften Studie.

### 2.4.1 Salienz von Altersunterschieden und Konflikte im Team

Zur Prüfung der Annahme, dass die Salienz (Auffälligkeit) von Altersunterschieden innerhalb von Gruppen für die Wirkungen der Altersheterogenität von Bedeutung ist, benötigt man zunächst ein Instrument, das solche Wahrnehmungen (Gedanken) erfasst. In der Diversity-Forschung sind derartige Messinstrumente bislang lediglich für Geschlechtsunterschiede entwickelt worden (Randel, 2002). Aufbauend auf diesen Arbeiten haben wir daher einen Kurzfragebogen erstellt, der mit je drei Fragen die kognitive und die behaviorale (verhaltensbezogene) Salienz von Altersunterschieden innerhalb einer Gruppe quantifiziert (vgl. Schmidt & Wegge, 2009). Das Antwortformat reicht von 1 (trifft gar nicht zu) bis 5 (trifft völlig zu). Die Items des Fragebogens sind im untenstehenden Kasten dargestellt. Sowohl die Gesamtskala mit sechs Fragen ($\alpha = .82$) als auch die beiden Subskalen mit jeweils drei Fragen ($\alpha$ für kognitive Salienz = .81, $\alpha$ für behaviorale Salienz = .62) weisen eine angemessene Reliabilität auf. Konfirmatorische Faktorenanalysen belegen zudem die zweidimensionale Struktur des Fragebogens, obwohl beide Skalen in der Regel hoch korreliert sind. Wir empfehlen die Nutzung der Gesamtskala und – wenn nur wenige Items möglich sind – die kognitive Salienzskala.

| Items zur Messung der Salienz der Altersheterogenität |
|---|
| **Kognitive Salienz der Altersheterogenität** |
| – Wenn ich unsere Gruppe beschreiben sollte, fällt mir sofort die Altersstruktur ein (z. B. drei junge und zwei ältere Kollegen). <br> – Mir ist der Altersunterschied zwischen meinen Kollegen deutlich bewusst. <br> – Ich denke manchmal über die Unterschiede zwischen „jüngeren" und „älteren" Mitgliedern in unserer Gruppe nach. |
| **Verhaltensbezogene Salienz der Altersheterogenität** |
| – Bei Entscheidungen in unserer Gruppe (z. B. zur Aufgabenverteilung) wird das unterschiedliche Alter der Teammitglieder berücksichtigt. <br> – Wenn Probleme in unserer Gruppe auftreten, hat das auch etwas mit den Altersunterschieden in der Gruppe zu tun. <br> – In unserer Gruppe wird das unterschiedliche Alter der Einzelnen angesprochen. |

Die theoretisch angenommene Vermittlungsfunktion der Salienz wurde von Ries et al. (2010a) untersucht. Als Indikatoren der Gruppenproduktivität wurden Maße der Identifikation mit der Gruppe, der Arbeitszufriedenheit und des innovativen Verhaltens sowie mit der emotionalen Erschöpfung eine Kernfacette des Burnout herangezogen. Die Untersuchungen fanden in Form einer schriftlichen Befragung in 27 Ämtern einer großen Landesverwaltung in Nordrhein-Westfalen statt. Alle Untersuchungsvariablen wurden auf Individualebene erhoben und anschließend auf Gruppenebene aggregiert. Die 722 Untersuchungsteilnehmer verteilten sich auf 157 Arbeitsgruppen, sodass alle Analysen auf dieser Gruppenanzahl basierten. Die Gruppen bearbeiteten ähnliche Aufgaben, die den Gruppenmitgliedern Flexibilitätsspielräume in der Verteilung der Arbeit boten. Darüber hinaus waren die internen Arbeitsprozesse so organisiert, dass bei der Bearbeitung einer Aufgabe immer mehrere Sachbearbeiter beteiligt waren, die sich in Bezug auf die zeitliche Abfolge der Arbeitsschritte untereinander abzustimmen hatten. Zur Überprüfung der zentralen Modellannahmen wurden in einem Strukturgleichungsmodell die Salienz und beide Konfliktformen als Mediatoren in der Beziehung zwischen der Altersheterogenität (objektive Angaben der Verwaltung) und den vier Indikatoren der Gruppenproduktivität spezifiziert. In Abbildung 5 ist die standardisierte Lösung des am besten an die Daten angepassten Strukturgleichungsmodells dargestellt.

Wie die Abbildung erkennen lässt, geht mit zunehmender (objektiv gemessener) Altersheterogenität ein Anstieg ihrer Salienz einher, die wiederum sowohl die emotionalen als auch die kognitiven Konflikte im Team positiv beeinflusst. Die Mediatoranalyse bestätigt darüber hinaus, dass die Beziehung zwischen Altersheterogenität und beiden Konfliktformen über die

**Salienz der Altersheterogenität löst emotionale und kognitive Konflikte aus**

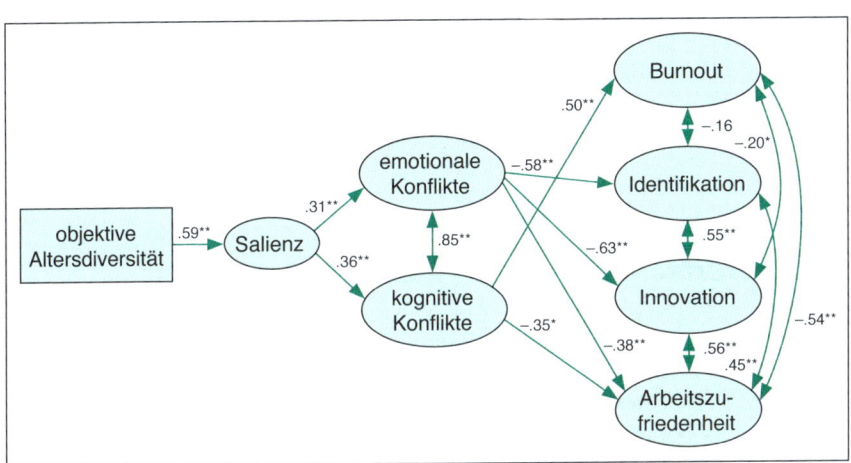

**Abbildung 5:**
Standardisiertes Strukturgleichungsmodell zum Einfluss der Altersheterogenität auf die Gruppenproduktivität (Ries et al., 2010a)

Salienz vermittelt wird. Es ist weiterhin zu erkennen, dass emotionale Konflikte mit einer Abnahme der Identifikation mit der Gruppe, den Innovationsleistungen sowie der Arbeitszufriedenheit einhergeht. Darüber hinaus zeigt sich, dass mit zunehmenden kognitiven Konflikten die emotionale Erschöpfung ansteigt und die Arbeitszufriedenheit abnimmt.

Insgesamt bestätigen die Befunde die Annahme, dass eine Zunahme der Altersheterogenität mit einem Anstieg ihrer Salienz einhergeht, die wiederum zu einer Verstärkung emotionaler und kognitiver Konflikte beiträgt. Beide Konfliktformen schlagen sich in Beeinträchtigungen der Gruppenproduktivität nieder. Dass auch von kognitiven Konflikten negative Einflüsse auf die Gruppenproduktivität ausgehen, steht im Widerspruch zu Modellen der Informationsverarbeitung in Gruppen. Eine Erklärung für diese modellabweichenden Befunde könnte in der Art der hier zu bearbeitenden Aufgaben liegen. Modelle der Informationsverarbeitung begründen den theoretisch angenommenen positiven Einfluss kognitiver Konflikte auf die Gruppenleistung damit, dass im Zuge der Auseinandersetzung mit kognitiven Konflikten Erfahrungs- und Wissensbestände diskutiert und elaboriert werden und so zur Entwicklung verbesserter Strategien der Aufgabenbearbeitung beitragen können. Dieser Effekt dürfte sich insbesondere bei komplexen Aufgaben zeigen, deren erfolgreiche Bewältigung die Integration verschiedener kognitiver Perspektiven erforderlich macht. Dagegen sollten im Falle einfacher Routineaufgaben kognitive Konflikte keine Verbesserung der Gruppenproduktivität zur Folge haben. Es kann angenommen werden, dass die Teilnehmer der Untersuchung von Ries et al. (2010a) mit Aufgaben konfrontiert waren, deren Komplexitätsniveau die erwarteten positiven Einflüsse der kognitiven Konflikte nicht begünstigte. Da wir in anderen Studien ebenfalls negative Effekte kognitiver Konflikte gefunden haben, ist davon auszugehen, dass das Auftreten solcher Konflikte an sich wenig leistungsförderlich ist. Wir empfehlen daher, in zukünftigen Studien eher die Elaboration von Erfahrungs- und Wissensbeständen im Team direkt zu erfassen, wenn man den positiven theoretisch unterstellten Effekten von Altersdiversität eine Nachweischance geben will.

**Konflikte beeinträchtigen die Gruppenproduktivität**

**Elaboration von Erfahrungs- und Wissensbeständen**

### 2.4.2 Wertschätzung von Altersunterschieden

In der Diversitätsforschung wird zunehmend der Einfluss von Einstellungen der Gruppenmitglieder analysiert (z. B. Homan et al., 2007; van Dick et al., 2008). Im Fokus steht hierbei vor allem die Wertschätzung für Heterogenität („diversity beliefs"). Diese bezieht sich auf die *individuelle* Überzeugung, dass die Gruppe von der Unterschiedlichkeit ihrer Gruppenmitglieder profitiert; d. h., dass Heterogenität die Zusammenarbeit und Produktivität in der Gruppe positiv beeinflusst. Die Wertschätzung für Heterogenität ist spezifisch für einzelne Merkmale zu erfassen. Wie van Dick et al. (2008) belegen, kann eine Person einerseits der Meinung sein, dass Altersunterschiede in der Gruppe vorteilhaft seien, gleichzeitig aber auch die Überzeugung vertreten, dass Geschlechterunterschiede sich nachteilig auf die Zusammenarbeit auswirken.

Zur Messung der Wertschätzung von Altersheterogenität in Teams haben wir die im untenstehenden Kasten aufgeführte Kurzskala entwickelt (Wegge, Schmidt, Liebermann & van Knippenberg, 2011). Sie umfasst zwei theoretisch wie empirisch positiv miteinander korrelierte Subskalen mit je drei Items – die handlungsbasierte Wertschätzung der Altersdiversität im eigenen Team und die *allgemeine* Wertschätzung von Altersdiversität. Die erste Subskala bezieht sich auf Informationsverarbeitungsprozesse in der eigenen Arbeitsgruppe, die zweite auf die allgemeine Einstellung zur Zusammenarbeit von Jung und Alt. Die psychometrischen Kennwerte für die Gesamtskala und beide Subskalen erwiesen sich in mehreren Studien als gut. Weil Ergebnisse aus Cross-lagged-panel-Analysen darauf hinweisen, dass insbesondere die allgemeine Wertschätzung einen kausalen Einfluss auf die nachfolgend erlebte Arbeitszufriedenheit ausübt, empfehlen wir insbesondere die Verwendung dieser Subskala.

**Handlungsbasierte und allgemeine Wertschätzung von Altersdiversität**

| Kurzskala zur Messung der handlungsorientierten (H-1 bis H-3) und der allgemeinen (A-1 bis A-3) Wertschätzung von Altersdiversität bei Gruppenarbeit | |
| --- | --- |
| H-1 | Unsere Gruppe profitiert sowohl von den Beiträgen der jüngeren als auch von den Beiträgen der älteren Teammitglieder. |
| H-2 | In unserer Gruppe lernt man durch die unterschiedlichen Perspektiven der jüngeren und der älteren Mitglieder Neues dazu. |
| H-3 | In unserer Gruppe geht man konstruktiv mit Anregungen um, die von Teammitgliedern unterschiedlichen Alters eingebracht werden. |
| A-1 | Ein Team leistet mehr, wenn es sich aus Personen verschiedener Altersklassen zusammensetzt. |
| A-2 | Ein Team funktioniert besser, wenn es sich aus Personen verschiedener Altersklassen zusammensetzt. |
| A-3 | Das Klima in einem Team ist besser, wenn es sich aus Personen verschiedener Altersklassen zusammensetzt. |

*Anmerkung:* Die in den Studien verwendete Antwortskala reicht von 1 = „trifft gar nicht zu" bis 5 = „trifft völlig zu".

Wir gehen in unserem Modell davon aus, dass eine wertschätzende Einstellung gegenüber Altersunterschieden den negativen sozialen Kategorisierungsprozessen und den hiermit verbundenen Konflikten entgegenwirkt. Denn die Überzeugung, dass die Gruppe durch die Zusammenarbeit von Jung und Alt profitiert, dürfte den Erfahrungs- und Wissensaustausch zwischen Gruppenmitgliedern jeder Altersstufe fördern und somit verhindern, dass die Gruppe sich in mehrere Subgruppen aufspaltet. Folglich sollten auch weniger Konflikte in der Gruppe auftreten. Darüber hinaus dürften die Gruppenmitglieder mit einer hohen Wertschätzung für Altersunterschiede bestrebt sein, für bereits existierende Konflikte geeignete Lösungen zu finden. Dagegen sind in Gruppen mit einer geringen Wertschätzung für Altersunterschiede kaum Bemühungen zu erwarten, sich mit Gruppenmitgliedern anderer Altersstufen auszutauschen und gemeinsam an der Gruppenaufgabe zu arbeiten. Vielmehr sollte eine geringe Wertschätzung die Bildung von Subgruppen begünstigen und somit Konflikte verstärken.

Geringe Wertschätzung begünstigt Subgruppenbildung

Ries et al. (2012) haben untersucht, inwieweit die über die Konflikte vermittelten negativen Effekte der Salienz durch zunehmende Wertschätzung für Altersunterschiede moderiert, d. h., abgeschwächt werden können. Die empirische Prüfung dieser moderierten Mediationsannahme erfolgte in einer Stichprobe von 140 Arbeitsgruppen ($n = 648$) aus dem Bereich einer öffentlichen Landesverwaltung. Als Indikatoren der Gruppenproduktivität fanden gruppenbezogene Innovationsleistungen (im Urteil der Gruppenmitglieder) sowie mit der emotionalen Erschöpfung (als Kernfacette des Burnout) auch ein Maß der Arbeitsbeanspruchung Berücksichtigung.

Die Ergebnisse bestätigen die Erwartungen. Es zeigte sich, dass die Beziehung zwischen der Salienz der Altersheterogenität und der emotionalen Erschöpfung sowie den Innovationsleistungen vollständig durch emotionale und kognitive Konflikte vermittelt wird. Über die Bestätigung dieses bereits in anderen Studien beobachteten Mediationseffekts hinaus konnte ferner belegt werden, dass diese negativen Effekte *nur* in Gruppen mit einer geringen Wertschätzung für Altersunterschiede auftreten, nicht jedoch in Gruppen mit hoher Wertschätzung. Die Einschätzung, dass die Gruppe durch die Zusammenarbeit von Jung und Alt profitiert, verhindert offensichtlich die Entstehung bzw. Eskalation sozialer und aufgabenbezogener Konflikte. Damit können die Befunde von van Dick et al. (2008), nach denen die Beziehung zwischen ethnischer Heterogenität in Gruppen und Aspekten der Gruppenleistung durch die Wertschätzung für kulturelle Heterogenität positiv beeinflusst wird, auch für den Bereich der Altersheterogenität nachgewiesen werden. Direkte, positive Effekte der Wertschätzung für Altersunterschiede auf die Effektivität von Gruppen sind nach den Befunden der repräsentativen Umfrage in der deutschen Erwerbsbevölkerung (Wegge, Jungmann et al., 2011) kaum zu finden. Daher kommt dieser Variable – wie im Modell vorgesehen – der Status einer Moderatorvariablen zu, der insbesondere dann an Bedeutung gewinnt, wenn Konflikte in altersgemischten Teams auftreten.

Wertschätzung von Altersheterogenität als Moderator

38

## 2.4.3 Altersvorurteile und Altersdiskriminierung

Soziale Kognitionstheorien legen die Annahme nahe, dass Altersheterogenität insbesondere dann zu Subgruppenbildung und als Folge hiervon zu Konflikten beiträgt, wenn die Gruppenmitglieder starke Altersvorurteile bzw. Stereotype teilen (O'Brien & Hummert, 2006). Vorurteile im Allgemeinen beinhalten eine negative oder positive Haltung gegenüber Personen, Objekten oder Sachverhalten, die weniger auf persönlicher Erfahrung als vielmehr auf Verallgemeinerungen beruht. Altersvorurteile im Besonderen schreiben Menschen lediglich aufgrund ihres chronologischen Alters bestimmte Eigenschaften und Verhaltenserwartungen zu, die zumeist eine negative Qualität haben. Älteren Mitarbeitern werden in der Regel negative Eigenschaften zugeschrieben, die stark am Defizitmodell des Alters orientiert sind (Posthuma & Campion, 2009; vgl. Kap. 2.3). Demnach wird z. B. davon ausgegangen, dass Ältere weniger anpassungsfähig und flexibel seien. Interessanterweise zeigen auch einige ältere Mitarbeiter solche Vorurteile gegenüber Älteren (Posthuma & Campion, 2009; vgl. hierzu auch Kap. 2.4.6). Negative Altersvorurteile gegenüber Älteren sollten dazu beitragen, dass die Gruppenmitglieder vorwiegend anhand ihres Alters beurteilt und in entsprechende Subgruppen kategorisiert werden, die wiederum die Entstehung von Konflikten und das Erleben von Altersdiskriminierung bei der Arbeit begünstigen. Eine Altersdiskriminierung in Organisationen findet dann statt, wenn Personalentscheidungen (z. B. Einstellungen, Beförderungen) primär aufgrund des Alters und nicht aufgrund der individuellen Qualifikation einer Person getroffen werden. Die Befunde der repräsentativen Befragung der

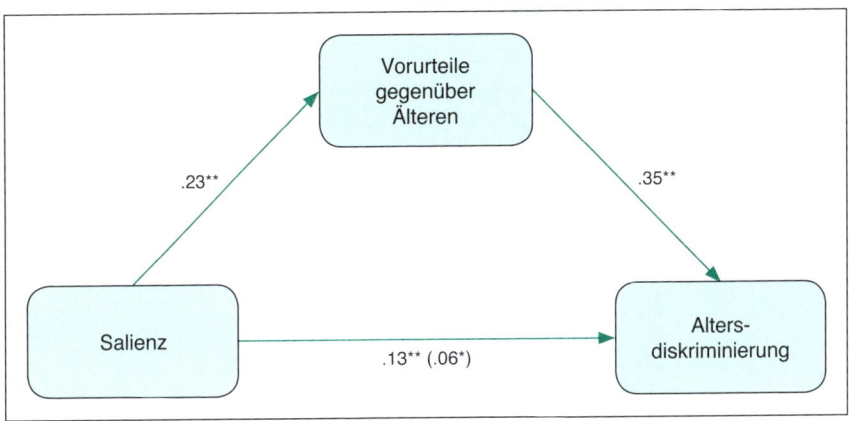

**Abbildung 6:**
Vermittelnde Rolle der Vorurteile beim Einfluss der Salienz auf Altersdiskriminierung
nach Wegge, Jungmann et al. (2011); Signifikanzniveau: * $p < .05$; ** $p < .01$

deutschen Erwerbsbevölkerung von Wegge, Jungmann et al. (2011) bestätigen diese Zusammenhänge (vgl. Abb. 6).

Wie Abbildung 6 erkennen lässt, ist eine höhere Salienz der Altersunterschiede mit mehr Vorurteilen gegenüber Älteren assoziiert. Ebenso nimmt mit höherer Salienz der Altersunterschiede die erlebte Altersdiskriminierung zu. Berücksichtigt man zusätzlich die Vorurteile gegenüber Älteren, weisen diese einerseits einen signifikanten Zusammenhang mit der Altersdiskriminierung auf und reduzieren andererseits den Einfluss der Salienz auf die erlebte Altersdiskriminierung statistisch bedeutsam. Die Vorurteile gegenüber Älteren können somit als *teilweise vermittelnder Einfluss* (Mediatorvariable) auf die Beziehung zwischen Salienz von Altersunterschieden und das Erleben von Altersdiskriminierung angesehen werden. Weitergehende Analysen zeigten darüber hinaus, dass auch die Salienz von Altersunterschieden und die erlebte Altersdiskriminierung bei der Arbeit in Wechselwirkung stehen und gemeinsam die Gesundheit der Arbeitnehmer beeinflussen (vgl. Abb. 7). Der Gesundheitszustand von Personen, die ein hohes Ausmaß an Altersdiskriminierung erlebten, nahm mit zunehmender Salienz ab. Bei Personen, die ein geringes Ausmaß an Altersdiskriminierung erle-

**Altersvorurteile vermitteln den Zusammenhang zwischen Salienz der Altersheterogenität und Altersdiskriminierung**

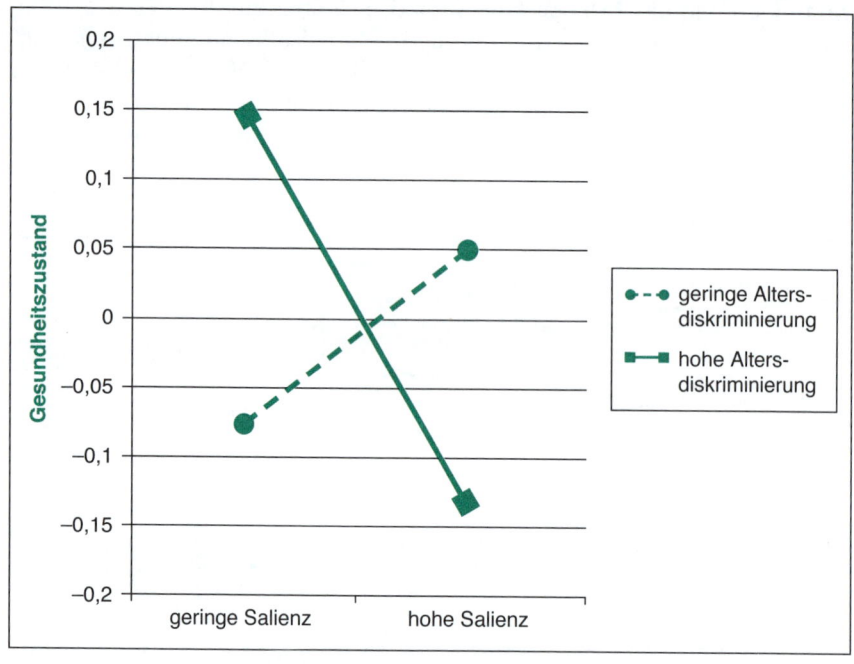

**Abbildung 7:**
Darstellung der Interaktion von Salienz und Altersdiskriminierung mit Blick auf Gesundheit (nach Wegge, Jungmann et al., 2011)

ben, ändert sich der Gesundheitszustand dagegen nicht bedeutsam mit zunehmender Salienz. Das Erleben von Altersdiskriminierung übt demnach einen Moderatoreffekt auf den Zusammenhang zwischen der Salienz von Altersunterschieden im Team und dem eigenen, aktuellen Gesundheitszustand aus.

## 2.4.4 Teamklima und Altersunterschiede

Ein gutes Teamklima ist nach Brodbeck et al. (2001) durch drei Aspekte charakterisiert. Es zeichnet sich erstens durch eine hohe Aufgabenorientierung aus, d.h. die Gruppenmitglieder sind bestrebt, ihre Aufgaben möglichst schnell und effektiv zu erledigen. Zweitens bietet ein gutes Teamklima eine sichere und vertrauensvolle Arbeitsumgebung, in welcher die einzelnen Mitglieder eigene Ideen ohne Vorbehalte einbringen können. Ein gutes Teamklima trägt drittens dazu bei, die Gruppenmitglieder zu ermutigen, eigene innovative Ideen zu äußern und umzusetzen.

*Merkmale eines guten Teamklimas*

Diese Merkmale eines guten Teamklimas dürften günstige Bedingungen dafür bieten, dass die von den Modellen der Informationsverarbeitung und Entscheidungsfindung in Gruppen angenommenen Austausch- und Elaborationsprozesse über altersbezogene Erfahrungs- und Wissensunterschiede angeregt und konstruktiv genutzt werden. Denn eine starke Aufgabenorientierung und eine vertrauensvolle sowie eine für neue Ideen offene Arbeitsumgebung eröffnen produktivitätsförderlichen Prozessen große Wirkungsspielräume. Es ist folglich zu erwarten, dass sich die von den Modellen der Informationsverarbeitung und Entscheidungsfindung in Gruppen vorhergesagten produktivitätsförderlichen Wirkungen der Altersheterogenität insbesondere unter Bedingungen eines guten Teamklimas entfalten sollten. Ein Mangel an Aufgabenorientierung und fehlendes Vertrauen unter den Gruppenmitgliedern dürften dagegen die von der Theorie der sozialen Kategorisierung unterstellten Konflikte stärken. Folglich ist zu erwarten, dass sich die vorhergesagten beeinträchtigenden Wirkungen zunehmender Altersheterogenität insbesondere in einem schlechten Teamklima einstellen. Die Ergebnisse einer Studie von Ries et al. (2010b) mit 66 Arbeitsgruppen ($N = 410$) konnten diese Annahmen bestätigen (vgl. Abb. 8a bis 8c).

Als Indikator der Gruppenproduktivität fanden wieder die emotionale Erschöpfung sowie Innovationsleistungen Berücksichtigung, die neben Selbsturteilen hier auch aus Sicht der jeweiligen Gruppenvorgesetzten beurteilt wurden. In Gruppen mit einem guten Teamklima geht mit zunehmender Altersheterogenität eine Zunahme der Innovationsleistungen und eine Abnahme der emotionalen Erschöpfung einher. Unter Bedingungen eines schlechten Teamklimas schlägt sich zunehmende Altersheterogenität dagegen in schlechteren Innovationsleistungen und einem Anstieg des Burnout

*Moderatoreffekt des Teamklimas*

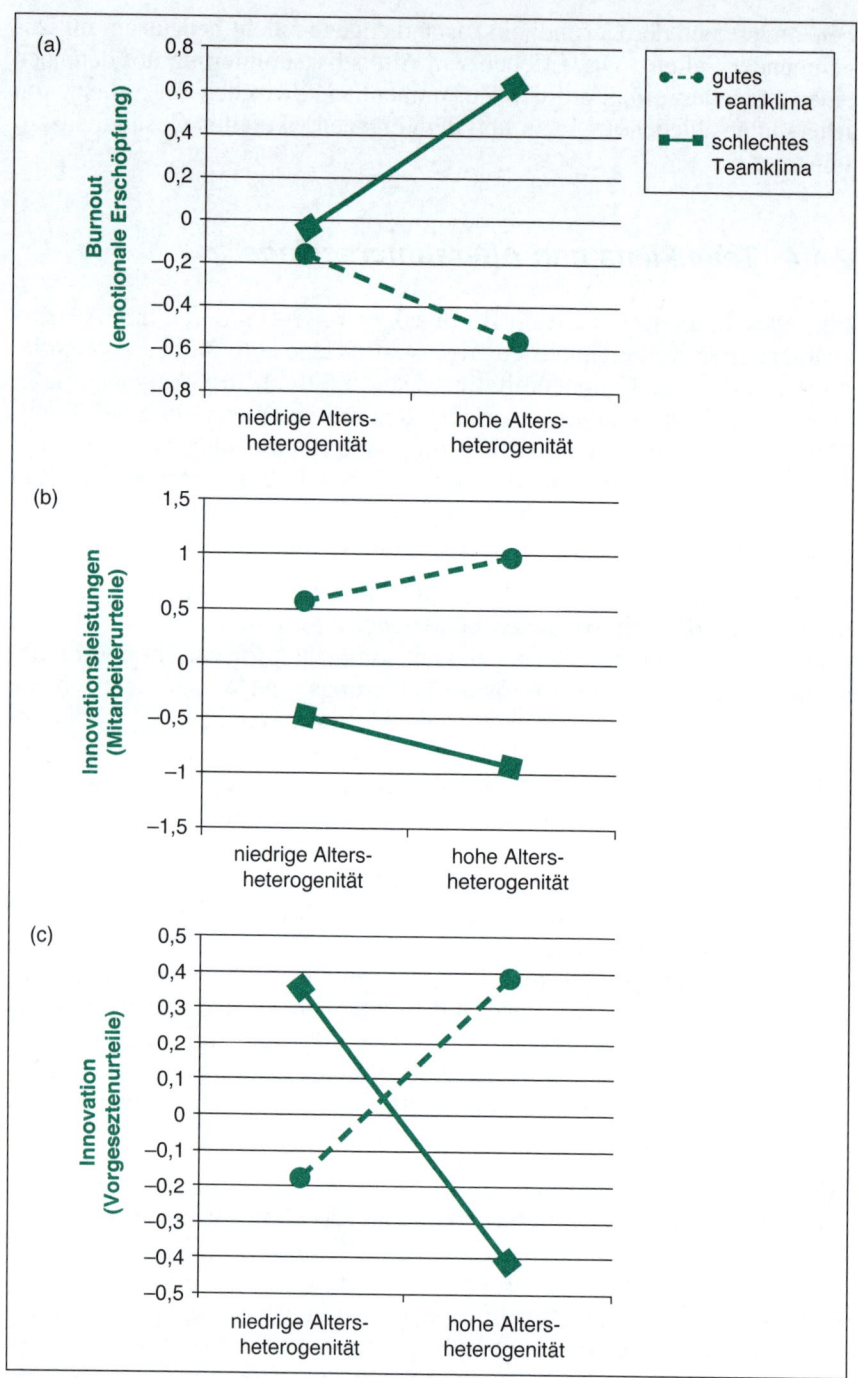

**Abbildung 8:**
Interaktionen zwischen Altersheterogenität und Teamklima

nieder. Dieser Moderatoreffekt des Teamklimas spiegelte sich auch in den aus Sicht der Vorgesetzten beurteilten Innovationsleistungen wider. Das Teamklima übt folglich einen bedeutsamen Einfluss auf die Richtung des Zusammenhangs zwischen Altersheterogenität und Gruppeneffektivität aus.

## 2.4.5 Aufgabenanforderungen

Die Theorie der Informationsverarbeitung und Entscheidungsfindung in Gruppen legt mit der Aufgabenkomplexität eine weitere Moderatorvariable des Zusammenhangs zwischen Altersheterogenität und Gruppenproduktivität nahe. Denn die auf Grundlage dieser Theorie angenommenen Austausch- und Elaborationsprozesse, die durch Altersheterogenität angeregt werden, sollten sich nur bei Aufgaben produktivitätsförderlich auswirken, die von diesen Prozessen auch profitieren können. Dies dürfte insbesondere bei komplexen Aufgaben oder Innovationsaufgaben zu erwarten sein, die hohe Anforderungen an die Informationsverarbeitung und den Informationsaustausch stellen. Die Bearbeitung einfacher Routineaufgaben setzt dagegen keine komplexen Verarbeitungs- und Elaborationsprozesse voraus; folglich sind hier keine vergleichbaren produktivitätsförderlichen Wirkungen der Altersheterogenität zu erwarten.

*Aufgabenkomplexität als Moderator des Zusammenhangs zwischen Altersheterogenität und Gruppenproduktivität*

Diese Annahmen konnten in der Studie von Wegge, Roth et al. (2008) bei 222 Arbeitsgruppen ($N = 4538$) aus dem Verwaltungsbereich bestätigt werden. Die eine Hälfte der Arbeitsgruppen war mit der Bearbeitung großer Fallzahlen von einfachen Routineaufgaben betraut, die andere Hälfte bearbeitete komplexe Aufgaben, die das Zusammentragen und Integrieren vielfältiger Einzelinformationen erforderten. Die Leistung wurde als Bearbeitungszeit in Tagen über ein Jahr hinweg (prospektiv) gemessen (vom Eingang bis Ausgang einer Fallbearbeitung). Kleinere Werte zeigen hier daher bessere Leistungen an. Zudem wurden auch Gesundheitsbeschwerden erfasst.

Altersheterogenität korrelierte positiv mit der Leistung bei komplexen Aufgaben ($r = .22$), während bei einfachen Routineaufgaben negative Zusammenhänge zwischen Altersheterogenität und Gruppenleistung zu beobachten waren ($r = .19$). Darüber hinaus zeigte sich, dass in Gruppen, die komplexe Aufgaben zu bearbeiten hatten, die Altersheterogenität negativ mit gesundheitlichen Beeinträchtigungen korrelierte, bei Gruppen mit Routineaufgaben wurden dagegen positive Zusammenhänge festgestellt (Wegge, Roth et al., 2008). Bei der Nutzung altersgemischter Teamarbeit (insbesondere in Verwaltungskontexten) dürfte es sich daher sowohl für die Leistung als auch für die Gesundheit auszahlen, wenn solche Teams komplexere Aufgaben bearbeiten, deren Güte von Austausch- und Elaborationsprozessen im Team profitiert (und die auch genug Zeit dafür lassen). Diese Befunde stehen im Einklang mit den von Warr (2001) erörterten Erkenntnissen bezüglich des Zusammenhangs zwischen Alter und Leistung. Warr regt an, vier Arbeits- bzw. Aufgabentypen zu unterscheiden:

Leistungszu-
sammenhänge
des Alters bei
verschiedenen
Aufgabentypen

- Arbeitsaufgaben, die stark wissensbasierte Urteile ohne Zeitdruck erfordern (z. B. Führungstätigkeiten); hier zeigt sich eher ein *positiver* Alterstrend,
- Arbeitsaufgaben mit hohen Anforderungen an die Informationsverarbeitung, bei denen Erfahrungen nur eine geringe Rolle spielen (z. B. Fluglotsentätigkeiten), und (schlecht gestaltete) Arbeitsaufgaben mit hohen körperlichen Anforderungen; hier zeigt sich ein *negativer* Alterstrend,
- Arbeitsaufgaben, bei denen nachlassende physische Fähigkeiten und Probleme bei der Informationsverarbeitung durch Strategien und Wissen kompensiert werden können (z. B. handwerkliche Tätigkeiten); hier zeigt sich *kein* Zusammenhang,
- Arbeitsaufgaben, in denen Arbeitsroutinen vorherrschen und die Anforderungen nicht hoch sind (z. B. einfache Qualitätskontrollen); hier zeigt sich ebenfalls *kein* Zusammenhang zwischen Alter und beruflicher Leistung.

Es wäre genauer zu prüfen, ob die von Warr mit Blick auf das individuelle Alter identifizierten Unterschiede (vgl. auch Kap. 2.3) auch für altersgemischte Teams gelten. Weil es hier in der Regel unterschiedliche Teilaufgaben geben wird, wäre die Herstellung einer entsprechenden Passung vorteilhaft.

## 2.4.6 Individuelles Alter und Gesundheit in altersgemischten Teams

Eine Betrachtung allein auf Teamebene – was für unsere bisherigen Ausführungen zutrifft – wird dem Problem der Diversity im demographischen Wandel allerdings nicht ganz gerecht, weil die Unterschiedlichkeit eines Teams aus der Perspektive *einzelner* Teammitglieder ganz anders aussehen kann. Sind die Effekte altersgemischter Gruppen für junge, mittelalte und ältere Personen im Team identisch ausgeprägt? In den zuvor geschilderten

Rolle des indivi-
duellen Alters

Auswertungen wurde das mittlere Alter der untersuchten Teams in der Regel statistisch kontrolliert, sodass man davon ausgehen kann, dass die Ergebnisse unabhängig vom mittleren Teamalter Bestand haben, also sowohl für im Mittel eher jüngere und ältere Teams zutreffen. Wenn man das individuelle Alter aber nicht differenziert, besteht die Gefahr, dass man hier wichtige Unterschiede übersieht. Wie in Kapitel 1.2 bereits erörtert, sind solche Analysen im Bereich der „relational demography" durchgeführt worden. Wir haben diesem Beispiel folgend anhand der relevanten Daten aus der repräsentativen Befragung der deutschen Erwerbsbevölkerung ($N = 1\,214$) geprüft, ob das individuelle Alter eine Rolle spielt. Liebermann et al. (2013)

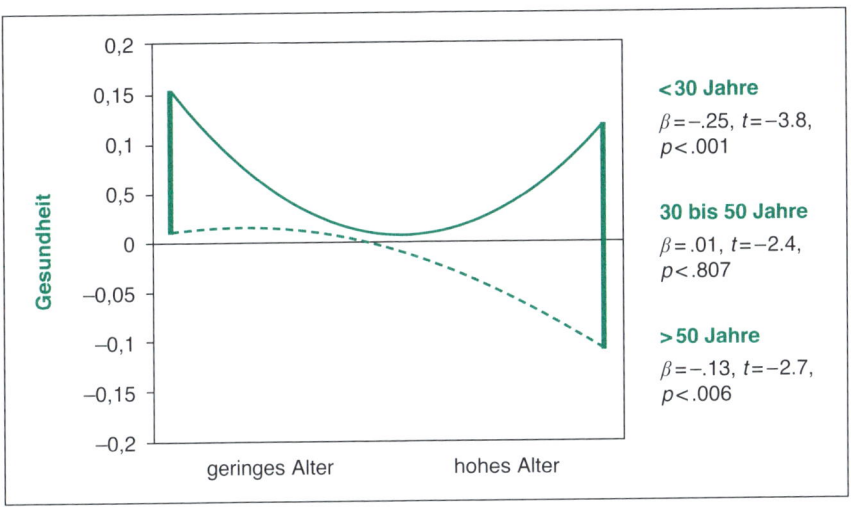

**Abbildung 9:**
Einfluss des individuellen Alters auf den Zusammenhang zwischen Altersdiversität und
Gesundheit nach Liebermann et al. (2013)

haben auf Basis der hier relevanten Theorien vorhergesagt und gefunden,
dass insbesondere jüngere und ältere Personen eine schlechtere Gesundheit
aufweisen, wenn sie in altersgemischten Teams arbeiten. Besonders problematisch ist dies bei jungen Personen, wenn sie starke Vorurteile gegenüber Älteren hegen. Haben Ältere Vorurteile gegenüber älteren Menschen,
ist dies hingegen eher günstig für ihre Gesundheit, vermutlich weil sie sich
dann nicht mit ihrer Altersgruppe identifizieren, sondern eher mit dem Team
als Ganzes (vgl. Abb. 9).

## 2.4.7 Eine Zwischenbilanz

Die angeführten Untersuchungen belegen, dass mit der *Wahrnehmung* der
Altersunterschiede in der Tat eine Reihe von gruppendynamischen Prozessen ausgelöst wird, welche eher negative Auswirkungen auf die Zusammenarbeit und somit die Effektivität und das Wohlbefinden der Gruppen haben.
Als maßgebliche Prozessfaktoren konnten dabei – wie angenommen – emotionale und kognitive Konflikte nachgewiesen werden, wobei die theoretisch unterstellte positive Wirkung von kognitiven Konflikten mit Blick auf
Altersunterschiede im Team kaum zu finden ist. Ferner wurden verschiedene Belege dafür erbracht, dass diese negativen Effekte in der Tat gemin-
dert oder sogar vermieden werden können, wenn günstige Rahmenbedingungen vorherrschen (z. B. hohe Wertschätzung für Altersunterschiede in
Teams, ein gutes Teamklima und komplexe Arbeitsanforderungen ohne

großen Zeitdruck). Die negativen Effekte der Altersdiversität hängen darüber hinaus auch mit der Verbreitung von Altersvorurteilen und der erlebten Altersdiskriminierung zusammen. Altersheterogenität birgt folglich Risiken und Chancen zugleich, die für junge und alte Personen auch durchaus anders ausgeprägt sein können. Altersheterogenität beeinträchtigt die Gruppenproduktivität insbesondere dann, wenn die Altersheterogenität als Gruppenmerkmal in den Fokus der Aufmerksamkeit der Gruppenmitglieder gelangt. Andererseits liefern die vorliegenden Befunde und das in Kapitel 2.4 dargestellte Modell (vgl. Abb. 4) mehrere Ansatzpunkte dafür, wie das Problem der zunehmenden Altersheterogenität in unserer Erwerbsgesellschaft durch geeignete praktische Maßnahmen wirksam bewältigt werden kann. Das weiter unten genauer vorgestellte Training für Führungskräfte soll u. a. dabei unterstützen, ein positives Teamklima sowie eine wertschätzende und vorurteilsfreie Einstellung gegenüber Altersunterschieden unter den Gruppenmitgliedern zu fördern. Welche Aufgaben Führungskräften hierbei zukommen, wird im folgenden Kapitel betrachtet. Wir nähern uns dem Thema wieder erst aus einer breiten Diversity-Perspektive und fokussieren dann auf das Training und die Definition und Messung von alter(n)sgerechter Führung.

# 3 Analyseinstrumente und Maßnahmenempfehlungen

Diversity Management beinhaltet nach Langhoff (2009) „… das Erkennen, Verstehen und Wertschätzen von Vielfalt, um die Nutzeneffekte durch ein strukturiertes und durchdachtes, aktives Management der Vielfalt zu erschließen" (S. 232). Die Erschließung der Chancen der Vielfalt durch aktives Diversity Management ist dabei um Regelungen zu ergänzen, die Schutz vor Diskriminierung wegen Merkmalsvielfalt bieten. In dieser rechtlich verankerten Antidiskriminierung liegen letztlich auch die Wurzeln des Diversity-Management-Ansatzes in den USA, die sich im Zuge der dortigen Bürgerrechtsbewegung ausgebildet haben (Vedder, 2006). Zum Schutz vor Diskriminierung ist in Deutschland im Zuge der Umsetzung europäischer Richtlinien das Allgemeine Gleichbehandlungsgesetz (AGG) in Kraft getreten. Nach diesem Gesetz sind Arbeitgeber verpflichtet, die personen- sowie kundenorientierten Prozesse in einer Weise zu gestalten, dass keine Benachteiligungen aufgrund der folgenden konventionellen Diversity-Dimensionen entstehen:

*Management von Vielfalt*

– Alter,
– Geschlecht,
– Behinderungen,
– ethnische kulturelle Prägung,
– religiöse Prägung,
– sexuelle Orientierung.

Neben diesen vom Individuum kaum beeinflussbaren Kerndimensionen von Diversity gibt es natürlich vielfältige organisationsbezogene (wie z. B. Betriebszugehörigkeitsdauer, Hierarchieebene) und personenbezogene Dimensionen (wie z. B. Qualifikation, Familienstand etc.), auf denen sich Mitarbeiter unterscheiden. Der erste Schritt der Auseinandersetzung mit alternden und diversen Belegschaften und zur Ableitung und Umsetzung demographiefester Personalstrategien (vgl. Kap. 4) besteht in der Klärung der Frage, welche Zusammensetzung eine Belegschaft in Bezug auf eine Reihe von Merkmalen aufweist und in der Zukunft aufweisen wird bzw. aufweisen sollte.

## 3.1 Diversity-Analysen

Zur Klärung dieser Frage sind sogenannte *Diversity-* und *Altersstrukturanalysen* erforderlich, die es erlauben, die Belegschaft anhand einfacher Kennzahlen mittels vorher festgelegter Schlüsselvariablen bezogen auf verschie-

*Altersstruktur-analysen*

dene Merkmale zu beschreiben. Nach Langhoff (2009) haben sich folgende Merkmale als Schlüsselvariablen im Rahmen von Altersstrukturanalysen bewährt:

- Alter als zentrale Schlüsselvariable (differenziert nach 5-Jahres-Kategorien von z. B. „15 bis 19 Jahre" bis „60 Jahre und älter"),
- Funktionsgruppenzugehörigkeit (z. B. Führungskräfte, technische Angestellte, kaufmännische Angestellte, gewerbliche Auszubildende, An- und Ungelernte etc.),
- Arbeitszeit (z. B. Vollzeit, Teilzeit, sonstige Arbeitszeiten mit Stunden pro Woche, Monate, Jahr),
- Geschlecht: Frauen und Männer,
- Staatsangehörigkeit: Mitarbeiter mit deutscher und nicht deutscher Staatsangehörigkeit,
- Betriebszugehörigkeitsdauer (Jahre nach Betriebseintritt),
- Beschäftigungsverhältnis: befristet und unbefristet,
- Arbeitsunfähigkeitstage,
- Weiterbildungstage,
- Neueinstellungen (im Stichjahr),
- Austritte: Kündigungen, Vertragsbefristung, Verrentung.

Je nach Unternehmenssituation können weitere Variablen bedeutsam sein wie z. B. der Anteil Leistungseingeschränkter oder die Zahl der Leiharbeitnehmer, die dann entsprechend in der Altersstrukturanalyse zu berücksichtigen sind.

Aufbauend auf den Zahlen der Altersstrukturanalyse (als Ist-Zustand) lassen sich Prognosen bzw. Hochrechnungen darüber ableiten, wie sich die Gesamtbelegschaft z. B. in den nächsten 10 Jahren altersbezogen entwickeln wird. Diese sogenannten Fortschreibungen der Altersstruktur können auf verschiedenen Annahmen beruhen, die dann auch das zukünftige Demographiebild des Unternehmens beeinflussen. Annahmen zur einfachen Fort-

**Fortschreibung der Alters- struktur**

schreibung der Altersstruktur können z. B. sein:
- das gesetzliche Renteneintrittsalter wird 67 Jahre betragen,
- keine Altersteilzeitregelungen und keine Möglichkeiten der Frühverrentung,
- sonstige Personalzugänge und -abgänge gleichen sich aus,
- der Personalbestand wird als Folge prognostizierter technologischer Innovationen (unabhängig vom Alter) um 10 % sinken.

Angeregt durch diese fortgeschriebenen Kennzahlen und Annahmen werden sich an dieser Stelle Fragen aufwerfen, die die zukünftigen Personalstrategien des Unternehmens auf verschiedenen Handlungsfeldern betreffen. Dies sind z. B. die im folgenden Kasten dargestellten.

| Handlungsfelder und Fragen für Personalstrategien in Unternehmen |
|---|
| **Handlungsfeld Personalrekrutierung** |
| – Wie kann Nachwuchs und Ersatzbedarf gesichert werden (für bestimmte Funktionsgruppen bzw. Jobfamilien)?<br>– Welche bisher nicht beachteten Rekrutierungspotenziale können neu erschlossen werden? |
| **Handlungsfeld Kompetenzentwicklung** |
| – Wie können Kompetenzdefizite unternehmensintern (z. B. durch Aus- und Weiterbildung) ausgeglichen werden?<br>– Wie lässt sich der Transfer des Erfahrungswissens Älterer an Jüngere organisieren? |
| **Handlungsfeld Arbeitsfähigkeit** |
| – Welche Maßnahmen der Gesundheitsförderung sind geeignet, die Arbeitsfähigkeit bis zum Renteneintritt zu erhalten?<br>– Welche Arbeit ist auch für Leistungseingeschränkte beanspruchungsneutral? |
| **Handlungsfeld Neugestaltung von Arbeit** |
| – Wie können Aufgaben und Tätigkeiten alter(n)sgerecht gestaltet werden?<br>– Welche Ansätze alter(n)sgerechter ergonomischer Arbeitsgestaltung sind verfügbar?<br>– Welche alter(n)sgerechten Modelle der Arbeitszeitgestaltung sind für Beschäftigte und das Unternehmen sinnvoll?<br>– Wie kann man die Work-Life-Balance verbessern?<br>– Wie können Mitsprachemöglichkeiten bei der Gestaltung der eigenen Arbeit eingeräumt und organisiert werden? |

Diese und ähnliche Fragen zu künftigen Personalstrategien können weiter präzisiert und durch eine *Demographie-Analyse des Unternehmensstandorts* erweitert werden. Im Rahmen dieser Demographie-Analyse wird geprüft, welchen Einfluss die demographische Entwicklung allgemein auf den Unternehmensstandort hat. Insbesondere wird untersucht, ob und inwieweit die demographische Entwicklung die Bevölkerungsstruktur am Standort, die Altersstruktur, die Bildungsstruktur, die Kaufkraft sowie die Mobilität der Standortbewohner beeinflusst. Betriebliche Altersstrukturanalysen und

**Einfluss der demographischen Entwicklung auf den Unternehmensstandort**

Demographie-Analysen ergänzen einander und verbessern die Feinabstimmung der zukünftigen Personalstrategien mit den prognostizierten betrieblichen Gegebenheiten einerseits und den Gegebenheiten des Standorts andererseits. Strategien der Personalrekrutierung müssen z. B. Prognosen des Ersatzbedarfs als Resultat aus Altersstrukturanalysen im Verbund mit Prognosen der lokalen Bevölkerungs- und Bildungsstruktur mit einbeziehen.

## 3.2 Das ADIGU-Training für Führungskräfte in altersgemischten Teams

Aufbauend auf den in Kapitel 2.4 referierten Befunden zu produktivitätsförderlichen Rahmenbedingungen der Arbeit in altersgemischten Gruppen (Projekt ADIGU) haben wir ein Training für Führungskräfte entwickelt, das diesen Personenkreis dabei unterstützen soll, diese förderlichen Rahmenbedingungen durch eigenes Handeln herzustellen. Das Training „Führen im demographischen Wandel – Altersheterogenität im Team als Ressource erkennen und nutzen" verfolgt zum einen das Ziel, Führungskräfte für typische Probleme bei der Zusammenarbeit von Alt und Jung in Gruppen zu sensibilisieren. Darüber hinaus soll das Training Führungskräften helfen, praxisnahe Handlungsoptionen zu entwickeln, um die Rahmenbedingungen so zu gestalten, dass eine produktive Zusammenarbeit aller Altersgruppen möglich wird.

**Förderung der produktiven Zusammenarbeit aller Altersgruppen**

Das Training ist auf zwei Tage ausgelegt und wendet sich speziell an Führungskräfte altersgemischter Arbeitsgruppen. Im ersten Modul erhalten die Führungskräfte umfangreiche Informationen zum Alterungsprozess von Mitarbeitern. Weiterhin werden Modelle zur Entstehung und den Folgen von geringer Wertschätzung und Altersvorurteilen dargestellt und diskutiert. Darauf aufbauend steht im zweiten Modul die Ableitung von Handlungsoptionen im Vordergrund. Anhand von Fallbeispielen erarbeiten die Führungskräfte mögliche Handlungsstrategien zum Abbau von Altersvorurteilen und zum Aufbau einer wertschätzenden, altersdifferenzierten Führung (eine detaillierte Beschreibung des Aufbaus und der Inhalte des Trainings findet sich in Kapitel 5; die Grundlagen zur alter(n)sgerechten Führung werden in Kap. 3.3 beschrieben).

Um den Transfer der Trainingsinhalte in die tägliche Arbeit zu verbessern, erhalten die Führungskräfte einige Monate nach dem Training im Rahmen eines Transferworkshops die Möglichkeit, zentrale Inhalte des Trainings zu reflektieren, Schwierigkeiten bei der Umsetzung zu diskutieren und Lösungsansätze zu erarbeiten. Eine Übersicht über die Trainingsmodule gibt Tabelle 4.

Die Wirksamkeit des Trainings wurde auf der Grundlage eines Kontrollgruppendesigns in einem Prä-Post-Vergleich mit zwei Nachmessungen im Abstand von 4 bzw. 12 Monaten nach dem Training evaluiert. Die Trainingsgruppe umfasste 23 Führungskräfte einer großen Landesverwaltung, die für

Module des Führungskräftetrainings „Altersheterogenität im Team als Ressource erkennen und nutzen"

| Trainingsmodul | Trainingsinhalte |
|---|---|
| *Modul I:* Altersheterogenität als Ressource erkennen<br>*Fokus:* Auswirkungen von Altersheterogenität auf die Produktivität in der Gruppe | – Was ist Altersheterogenität?<br>– Welche Potenziale stecken in alters-heterogenen Gruppen?<br>– Welche Faktoren beeinflussen die Beziehung zwischen Altersheterogenität und Produktivität von Gruppen? |
| *Modul II:* Altersheterogenität als Ressource nutzen<br>*Fokus:* Ableitung von Handlungsoptionen | – alter(n)sgerecht führen<br>– Altersstereotypen vorbeugen<br>– Wertschätzung von Altersheterogenität steigern |
| Transferworkshop | – Wiederholung/Vertiefung zentraler Inhalte<br>– Diskussion von Umsetzungsproblemen |

insgesamt 109 Mitarbeiter verantwortlich waren. Die Gruppengröße variierte zwischen drei und sieben Personen. Die Wartekontrollgruppe bestand aus 24 Führungskräften derselben Verwaltung mit insgesamt 112 Mitarbeitern, die sich auf Gruppen von drei bis zehn Mitglieder verteilten. Die Erfassung der Evaluationsvariablen erfolgte über einen Fragebogen, der von den Trainingsteilnehmern (und Mitarbeitern) und den Teilnehmern der Wartekontrollgruppe bearbeitet wurde.

Die Ergebnisse zeigen, dass das Training zu einigen bedeutsamen Veränderungen der relevanten Variablen beiträgt. So berichten die Führungskräfte der Trainingsgruppe vier Monate nach dem Training geringere Altersvorurteile als die Führungskräfte der Wartekontrollgruppe. Für die Wertschätzung von Altersunterschieden lassen sich vergleichbare Veränderungen beobachten. In der Trainingsgruppe nimmt die Wertschätzung für Altersdiversität zu, während in der Wartekontrollgruppe die Wertschätzung keine nachweisbaren Veränderungen erkennen lässt. Die Innovationsleistungen (Generierung, Förderung und Realisierung von Ideen) der Trainingsgruppe steigen nach dem Training ebenfalls an, während in der Kontrollgruppe die Innovationsleistungen unverändert bleiben. Die Ergebnisse belegen die Bedeutsamkeit von Einstellungen und Verhaltensweisen der Führungskräfte für die Leistung und die Zusammenarbeit im Team, wobei einzelne Effekte für bestimmte Altersgruppen auch unterschiedlich stark ausgeprägt sind (vgl. Jungmann et al., in revision). Aufgrund der großen Erfolge wurde das Training inzwischen für den Bereich der Produktion angepasst. Es wird zurzeit (erneut durch die DFG gefördert) umgesetzt und evaluiert (vgl. Wegge & Jungmann, 2015; Kap. 3.3.4).

*Trainings-wirkungen*

## 3.3 Definition und Messung alter(n)sgerechter Führung

Aufgrund der demographischen Entwicklungen verändert sich die Alterszusammensetzung der Erwerbsbevölkerung. Welche Auswirkungen dies für das Verhalten von Führungskräften hat, war bisher nur selten Gegenstand der Analyse (Jungmann, Bilinska & Wegge, 2015). Führt man junge Mitarbeiter anders als alte Mitarbeiter? Wie soll man zunehmend altersgemischte Teams führen? Und wie können zunehmend junge Führungskräfte ihre oft deutlich älteren Mitarbeiter erfolgreich motivieren? Im Folgenden werden aktuelle Ansätze und Forschungsergebnisse zur Beantwortung dieser Fragen zusammengefasst. Wir fokussieren dabei auf Ansätze der alter(n)sgerechten Führung, also Modelle, welche die gesamte Lebensarbeitsspanne berücksichtigen und daher nicht nur ältere Personen betrachten. Das allgemeine Ziel alter(n)sgerechter Führung besteht darin, durch eine dem Alter angepasste Führung die Arbeitsmotivation, Arbeitsfähigkeit und Gesundheit der Mitarbeiter bestmöglich zu fördern.

**Führung und Gesundheit**

Die erste Frage, die hier zu klären ist, betrifft den Zusammenhang zwischen Führung und Gesundheit. Gibt es Belege dafür, dass Führungskräfte Einfluss auf die Gesundheit ihrer Mitarbeiter nehmen können und macht es Sinn, hier zwischen Jung und Alt zu unterscheiden? Kuoppala et al. (2008) konnten in einer Meta-Analyse zeigen, dass gute Führung das Wohlbefinden in der Tat steigert und Fehlzeiten von Mitarbeitern reduziert. Als besonders förderliches Führungsverhalten für die Gesundheit und Leistungsfähigkeit wurden in dieser und ähnlichen Studien (Wegge, Shemla & Haslam, 2014) folgende Führungsfacetten identifiziert:
– soziale Unterstützung des Vorgesetzten,
– Führen mit Werten,
– ein am Mitarbeiter orientierter Führungsstil sowie
– das eigene Gesundheitsverhalten der Führungskraft und deren Vorbildfunktion.

**Führung und Arbeitsfähigkeit**

Darüber hinaus haben Führungskräfte eine besondere Bedeutung für die Arbeitsfähigkeit einzelner Altersgruppen. Dies konnte in einer finnischen Längsschnittstudie (Tuomi, Ilmarinen, Martikainen, Aalto & Klockars, 1997) für ältere Mitarbeiter über einen elfjährigen Zeitraum hinweg belegt werden. Ein gutes, alter(n)sgerechtes Führungsverhalten von Vorgesetzten war der einzige hochsignifikante Faktor, für den eine Verbesserung der Arbeitsfähigkeit zwischen dem 51. und 62. Lebensjahr nachgewiesen werden konnte. Dieses Führungsverhalten umfasst:
– eine aufgeschlossene, nicht stereotype Einstellung gegenüber dem Alter,
– Bereitschaft zur Kooperation,
– Kommunikationsfähigkeit und
– alter(n)sgerechte Organisation der Arbeitsabläufe.

52

Waren die Mitarbeiter mit dem Verhalten des Vorgesetzten zufrieden, so hat sich ihre Arbeitsfähigkeit im Vergleich zu denen, die unzufrieden waren, um das 3,6-fache verbessert (Tuomi et al., 1997). Dass die Einstellungen von Vorgesetzten eine zentrale Rolle für die Arbeitsfähigkeit älterer Mitarbeiter spielen, zeigen auch Studien, in denen gefunden wurde, dass Vorgesetzte oft zur Altersdiskriminierung neigen (Roth, Wegge & Schmidt, 2007; vgl. Kap. 4.1.1). Sie sind demnach ein wichtiger Ansatzpunkt für Interventionen, da Stereotype oft unbewusst aktiviert werden und die Fremdwahrnehmung (im Sinne einer sich selbst erfüllenden Prophezeiung) beeinflussen können (Eberhardt & Meyer, 2011).

Um auf die Mitarbeiter entsprechend ihrer altersspezifischen Ansprüche einzugehen und somit Führung alters- und alter(n)sgerecht zu gestalten, ist zudem eine Auseinandersetzung mit den Unterschieden zwischen den Leistungsmerkmalen Älterer und Jüngerer notwendig (vgl. Kap. 2.3; Eberhardt & Meyer, 2011), auch weil bestimmte Bedürfnisse sich über die Lebensspanne ändern. Wie z. B. Grube und Hertel (2008) darlegen, sind für die altersdifferenzierte Arbeitszuweisung und Arbeitsgestaltung neben dem Wissen um altersbedingte kognitive Veränderungen vor allem Kenntnisse altersabhängiger Veränderungen der Arbeitsmotivation, der Arbeitszufriedenheit und des emotionalen Erlebens entscheidend. Wir fassen hier kurz die Besonderheiten jüngerer und älterer Mitarbeiter zusammen.

Mit zunehmendem Alter verändern sich zahlreiche körperliche Funktionen (u. a. reduzierte Belastbarkeit des Kreislaufsystems, verringertes Seh- und Hörvermögen, stärkere Ablenkbarkeit durch irrelevante Reize), welche sich auch auf die Arbeits-und Leistungsfähigkeit des Mitarbeiters auswirken können (vgl. Kap. 2.3). Dabei ist zu beachten, dass diese altersbezogenen Veränderungen eine große interindividuelle Variabilität aufweisen. Die altersbezogene Abnahme dieser Funktionen kann bis zu einem gewissen Grad durch Routine, Erfahrung und Wissen kompensiert und durch präventive Trainings- und Übungseinheiten bis ins hohe Alter verhindert werden (Rüdiger, 2009).

Neben den physischen Veränderungen sind es vor allem motivationale Faktoren, die sich im Verlauf der Lebensspanne ändern (Kanfer & Ackermann, 2004). Bei jüngeren Mitarbeitern, deren subjektive, zeitliche Perspektive auf die Zukunft gerichtet ist (Carstensen, 2006), überwiegen Wachstumsmotive, die sich in einem Wunsch nach Weiterentwicklung sowie Karriereplanung äußern. Demgegenüber fokussieren ältere Mitarbeiter stärker auf die Gegenwart. Mit zunehmendem Alter steigt ferner die Wichtigkeit von emotionalen/affektiven Motiven und Bedürfnissen, u. a. Autonomie, Wertschätzung/ Anerkennung sowie das Generativitätsmotiv (Carstensen, 2006; Hertel et al., 2013). Führungskräfte sollten die mit dem Alter steigende Variabilität berücksichtigen und auf die sich verändernden Bedürfnisse und Motive entsprechend eingehen (vgl. hierzu auch Kap. 4.1.4).

**Altersabhängige Veränderungen der Arbeitsmotivation**

Die Aufgabe der Führungskraft besteht im Sinne einer *individualisierten* Führung somit im Eingehen auf die alternsbedingten Veränderungen in Bedürfnissen und Motivation der Mitarbeiter über deren Lebensspanne (Wegge, Schmidt et al., 2012). Neben diesen altersgruppenspezifischen Verhaltensweisen spielt auch die Zusammenarbeit im Team für das Führungsverhalten eine wichtige Rolle. Mit dieser neuen Art der Führung soll nicht nur die Gesundheit der älteren sowie jüngeren Beschäftigten gefördert und deren Arbeitsfähigkeit erhalten werden, sondern auch zu einem positiven Miteinander der Altersgenerationen im Team und somit einer höheren Effektivität der Teamarbeit beigetragen werden. Zur Messung des alter(n)sgerechten Führungsverhaltens wurde der „Fragebogen zur Messung alter(n)sgerechten Führung" (FAF-16; Wegge, Schmidt et al., 2012) entwickelt, der 16 Fragen enthält, welche die eben ausgeführten Anforderungen an das Führungsverhalten in drei Subskalen – allgemeine Prinzipien, besondere Behandlung älterer Mitarbeiter, besondere Behandlung jüngerer Mitarbeiter – erfasst. Das Instrument ist auf einer der Einsteckkarten im Buch enthalten. Seine theoretischen Hintergründe und einige Befunde dazu werden im Folgenden dargestellt.

### 3.3.1  Allgemeine Prinzipien alter(n)sgerechter Führung

Grundlage der Entwicklung des Fragebogens zur Messung alter(n)sgerechter Führung (FAF-16) war erneut die repräsentative Befragung der deutschen Erwerbsbevölkerung (Wegge, Jungmann et al., 2011). Es wurden 2000 Erwerbstätige telefonisch zu ihrer Arbeitssituation und ihrem Gesundheitszustand interviewt. Das altersspezifische Führen der Vorgesetzten wurde mit mehreren Aussagen erfasst, bei denen die Befragten angaben, ob das jeweilige Führungsverhalten (z. B. Anregung zum Lernen neuer Dinge, Lob, Unterstützung) eher für ältere, eher für jüngere oder für jüngere und ältere Mitarbeiter gleichermaßen gezeigt wird. Die Analyse der Häufigkeiten ergab, dass die große Mehrheit der Führungskräfte alte und junge Personen gleich

**Altersbezogene Unterschiede im Führungsverhalten**

behandelt (87 bis 96 %). Die Antworten ließen jedoch auch Unterschiede im Führungsverhalten erkennen. Es wurde z. B. beobachtet, dass deutsche Führungskräfte ihren älteren Mitarbeitern *mehr Lob* aussprechen, sie mehr bei Entscheidungen *beteiligen* und ihnen *mehr Freiräume* in der Organisation ihrer Arbeitsaufgaben ermöglichen. Sie zeigen allerdings ebenso eine Tendenz zur Favorisierung jüngerer Mitarbeiter bei der *Ermutigung*, Neues zu lernen und bei deren *Unterstützung*. Die Analysen zeigten ferner, dass solche *Ungleichbehandlungen* negativ wirken, da diese signifikante positive Zusammenhänge zur Altersdiskriminierung und zum Gesundheitszustand (mit negativen Vorzeichen) zeigen. Im ersten Teil des FAF-16 sind solche – *zu vermeidenden!* – Ungleichheiten berücksichtigt. Er enthält zudem diejenigen Aspekte (z. B. Wertschätzung von Altersunterscheiden, vgl. Kap. 2.4), die aus der Forschung zu altersgemischten Teams als besonders relevant für ein gutes Miteinander der Generationen identifiziert wurden.

Um die überwiegend negativen Effekte altersgemischter Teamarbeit aufzuheben, sollte der Austausch zwischen den Mitarbeitern und deren Kooperation gefördert werden. Grundlage dafür bildet ein fairer Umgang der Führungskraft mit Mitarbeitern, da Abweichungen und Ungleichbehandlungen als Diskriminierung erlebt werden und zudem die Gesundheit der Mitarbeiter schwächen. Da die Salienz der Altersunterschiede im Team mit dem Auftreten von Vorurteilen und Altersdiskriminierung assoziiert ist, ist eine Verringerung der Salienz sinnvoll, z. B. durch eine mit Blick auf das Alter ausgewogene Teamzusammensetzung und entsprechende Kommunikation. In der Zusammenarbeit sollte z. B. nicht über Alters- sondern über Qualifikations- und Kompetenzunterschiede der Mitarbeiter gesprochen werden. Regeln für den Umgang miteinander im Sinne einer Konfliktkultur dürften sich zudem positiv auf die Zusammenarbeit in altersgemischten Teams auswirken. Eine hohe Wertschätzung der Altersunterschiede im Team hilft Konflikte zu reduzieren, unterstützt den Wissens- und Erfahrungsaustausch und wirkt sich zudem positiv auf die soziale Unterstützung im Team aus. Die folgende Liste benennt die sieben Führungsfacetten, die in diesem Teil des Fragebogens im Mittelpunkt stehen:

– gleiche Möglichkeiten, neue Kenntnisse und Fähigkeiten zu erwerben,
– Förderung der Zusammenarbeit von jüngeren und älteren Mitarbeitern,
– Fairness im Umgang mit jüngeren und älteren Mitarbeitern,
– aktive Förderung eines positiven Miteinanders von Jung und Alt,
– jede Altersklasse wird an Entscheidungen, die die Arbeit betreffen, beteiligt,
– Altersunterschiede sind kein Thema im Team,
– berufliche Stärken der Mitarbeiter stehen im Vordergrund.

### 3.3.2 Führung älterer Mitarbeiter

Die zweite im FAF-16 thematisierte Facette umfasst Verhaltensweisen, von denen insbesondere *ältere Mitarbeiter* profitieren. Häufig werden ältere Mitarbeiter bei Weiterbildungsmöglichkeiten vernachlässigt. Im Sinne eines lebenslangen Lernens sollten Ältere aber gleichermaßen in betriebliche Weiterbildungen eingebunden und bei diesen berücksichtigt werden. Daher sollte dieser Aspekt bei der Führung älterer Mitarbeiter besondere Beachtung finden. Mit zunehmendem Alter verändern sich zudem viele Bedürfnisse; so rücken Aufstiegsmöglichkeiten, Karriereplanung und Macht in den Hintergrund. Dementsprechend nimmt das Bedürfnis nach Aufgabenvielfalt mit dem Alter ab, während das Bedürfnis nach Autonomie zunimmt (Hertel et al., 2013). Die Autonomie und die damit einhergehende Verantwortung kann

**Alter und Weiterbildungsmöglichkeiten**

Jüngere überfordern, da diese möglicherweise die nötigen Kompetenzen zum selbstständigen Arbeiten noch nicht erworben haben. Für ältere Mitarbeiter stellt ein größerer Handlungsspielraum bei der Erfüllung ihrer Arbeitsaufgaben nicht nur eine Wertschätzung ihrer Leistung dar, sondern ermöglicht es ihnen auch, altersbedingte negative Veränderungen ihrer Leistungsfähigkeit zu kompensieren (SOK-Modell; vgl. Kap. 2.3).

**Alter und individuelle Arbeitsplanung**

Eine individuelle Arbeitsplanung kommt der mit dem Alter zunehmenden interindividuellen Varianz der psychischen und physiologischen Leistungsfähigkeit entgegen. Der zunehmenden Wichtigkeit emotionaler Bedürfnisse (u. a. Generativitätsmotiv und Anerkennung) kann durch die Weitergabe von Wissen sowie Erfahrung an jüngere bzw. neue Mitarbeiter entsprochen werden (z. B. Mentoring, Patenprogramme). Zudem erleben ältere Mitarbeiter dabei positive Emotionen sowie eine Bestätigung und Wertschätzung ihrer Erfahrungen (Zacher, Degner, Seevaldt, Frese & Lüdde, 2009). Im Einklang mit einem höheren Bedürfnis nach Stabilität und Sicherheit im Alter stellt eine frühzeitige Kommunikation von Veränderungen eine zentrale Führungsaufgabe dar. Darüber hinaus bietet die Teilhabe (Partizipation) älterer Mitarbeiter an solchen Veränderungsprozessen eine weitere Strategie zur Wertschätzung der Berufserfahrung. Die folgende Liste benennt die fünf Führungsfacetten, die im zweiten Teil des Fragebogens FAF-16 im Mittelpunkt stehen:
– bei der Arbeitsplanung ist auf die Stärken und Schwächen älterer Mitarbeiter einzugehen,
– viel Spielraum bei der Organisation einzelner Teilarbeitsaufgaben gewähren,
– frühzeitiger Einbezug in die Diskussion anstehender Veränderungen bei der Arbeit,
– Förderung der Weitergabe von Berufserfahrung älterer Mitarbeiter an Jüngere,
– deutliche Wertschätzung der Leistungen älterer Mitarbeiter.

### 3.3.3  Führung jüngerer Mitarbeiter

Verhaltensweisen, die ein spezifisches Eingehen auf die Bedürfnisse und Motivation der *jüngeren* Mitarbeiter beschreiben, werden in der dritten Facette des FAF-16 thematisiert. Jüngere Mitarbeiter weisen meist ein fundiertes und aktuelles Fachwissen auf, jedoch fehlen ihnen Führungskompetenzen und Berufserfahrungen, die sie noch aufbauen müssen. Sie wünschen sich daher kontinuierliche Unterstützung und mehr Rückmeldungen über die eigene Leistung als ältere Mitarbeiter. Jüngere erleben häufig, dass Älteren mehr Lob zuteil wird und dass Ältere auch mehr Unterstützung vom Vorgesetzten erhalten. Diese Tendenzen sind folglich zu „kompensieren". Jüngere suchen ferner Entwicklungsmöglichkeiten, die dem Wachstumsmotiv entsprechen (Carstensen, 2006; Hertel et al., 2013). Berufliche Weiterentwicklung steht bei jüngeren Berufstätigen im Vordergrund (Hertel et al., 2013). Dies kann durch vielfältige Arbeitsaufgaben unterstützt werden, die den Einsatz verschiedenartiger Fähigkeiten fordern und deren Entwicklung fördern. Hier neigen Vorgesetzte dazu, die Jüngeren zu diskriminieren, weil sie diesen oft weniger zutrauen und daher nicht unbedingt vielfältige Aufgaben übertragen. Die folgende Liste benennt die vier Führungsfacetten, die im dritten Teil des Fragebogens im Mittelpunkt stehen:

– eine Führungskraft gibt jüngeren Mitarbeitern besonders viel Unterstützung,
– eine Führungskraft gibt jüngeren Mitarbeitern regelmäßig Rückmeldung über ihre erbrachten Arbeitsleistungen,
– eine Führungskraft bietet jüngeren Mitarbeitern Möglichkeiten, ihre berufliche Weiterentwicklung voranzutreiben,
– eine Führungskraft stellt sicher, dass jüngeren Mitarbeitern abwechslungsreiche Arbeitsaufgaben übertragen werden.

Es sei abschließend betont, dass die Kunst einer alter(n)sgerechten Führung auch darin besteht, die nötigen Besonderheiten bei der Führung jüngerer und älterer Mitarbeiter so zu realisieren, dass keine Altersgruppe das Gefühl hat, vom Vorgesetzten benachteiligt zu werden. Dies gelingt nach u. E. dann am besten, wenn man genau begründen kann, warum nicht alle Personen über die Lebensarbeitsspanne gleich zu behandeln sind.

### 3.3.4 Befunde zur Wirksamkeit alter(n)sgerechter Führung

Zu dem 2012 entwickelten Fragebogen FAF-16 liegen zurzeit vier Studien vor, deren wesentliche Ergebnisse hier kurz zusammengefasst werden. Wegge, Schmidt et al. (2012) konnten in zwei Querschnittsstudien zahlreiche positive Effekte der alter(n)sgerechten Führung nachweisen. Im Bereich der Pflege ($n = 192$ Angestellte in der Altenpflege) wurden z. B. Zusammenhänge zwischen alter(n)sgerechter Führung und dem psychischen Wohlbefinden ($r = .25$, $p < .01$) sowie einer geringeren Kündigungsabsicht älterer Arbeitnehmer ($r = -.17$, $p < .05$) beobachtet. Im Produktionsbereich zeigten sich ähnliche Effekte. Bei 106 Mitarbeitern war das Erleben von alter(n)sgerechter Führung mit weniger Burnout ($r = -.42$, $p < .01$) sowie geringeren Fluktuationsabsichten ($r = -.51$, $p < .01$) und einer erhöhten allgemeinen Arbeitszufriedenheit ($r = .67$, $p < .01$) assoziiert.

Jungmann, Bilinska und Wegge (2015) stellen Ergebnisse einer Studie vor, die die Wirkung der alter(n)sgerechten Führung in der Dienstleistungsbranche untersuchte. Es wurden 209 Mitarbeiter in einem Call-Center befragt. Die Kerntätigkeit der befragten Mitarbeiter war neben der Inbound-Kommunikation mit Kunden (Bearbeitung eingehender Anrufe) vor allem die Sachbearbeitung. Erleben Mitarbeiter eine hohe Ausprägung alter(n)sgerechter Verhaltensweisen, geht dies wieder mit weniger Burnout ($r=-.27$; $p<.01$) sowie geringeren Fluktuationsabsichten ($r=-.20$; $p<.01$) einher. Auch besteht ein Zusammenhang zwischen ausgeprägtem alter(n)sgerechten Führen und Indikatoren der Zusammenarbeit in altersgemischten Teams. So berichten die Mitarbeiter über weniger Vorurteile gegenüber älteren Mitarbeitern ($r=-.22$; $p<.01$), ein positiveres Teamklima ($r=.39$; $p<.01$) und mehr soziale Unterstützung im Team ($r=.29$, $p<.01$), wenn sie alter(n)sgerecht geführt werden.

**Führung alters-
gemischter
Belegschaften** Bei getrennter Betrachtung der befragten Altersgruppen zeigte sich darüber hinaus, dass sich alter(n)sgerechte Führung bei verschiedenen Altersgruppen *unterschiedlich* auswirkt. Jüngere Mitarbeiter (bis 39 Jahre), die bei ihren Führungskräften hohe Ausprägungen alter(n)sgerechter Führung wahrnehmen, berichten weniger emotionale Erschöpfung ($r=-.37$; $p<.01$) als ältere Mitarbeiter (ab 40 Jahren; $r=-.19$; nicht signifikant). Zudem geht das Erleben alter(n)sgerechter Führung bei jüngeren Mitarbeitern mit einem deutlich verbesserten Allgemeinbefinden einher ($r=.34$; $p<.01$). In der Gruppe der Älteren zeigt sich hier kein Zusammenhang ($r=.03$; nicht signifikant). Das Erleben alter(n)sgerechter Führung ist für alle Mitarbeiter sowie deren Zusammenarbeit förderlich, insbesondere die *jüngeren* Mitarbeiter sprechen in dieser Studie auf Verhalten im Sinne alter(n)sgerechter Führung an. Möglicherweise haben Jüngere ein größeres Bedürfnis nach Unterstützung und Anregung durch die Führungskraft (Carstensen, 2006). Da insbesondere jüngere Mitarbeiter unter hoher Altersdiversität bei Teamarbeit leiden (Liebermann et al., 2013; vgl. Kap. 2.4.6), ist alter(n)sgerechte Führung im Umgang mit dieser Altersgruppe besonders empfehlenswert.

In einer Studie in der Automobilproduktion konnten wir die positiven Auswirkungen der alter(n)sgerechten Führung bei 973 Mitarbeitern in 90 natürlichen Teams erneut bestätigen. So finden sich auf Teamebene Zusammenhänge zwischen alter(n)sgerechter Führung und dem reduzierten Erleben von emotionalen Konflikten ($r=-.61$, $p<.01$) sowie einer erhöhten Innovationsleistung der Teams ($r=.71$, $p<.01$). Auf individueller Ebene geht bei den Mitarbeitern das Erleben von alter(n)sgerechter Führung mit weniger Burnout ($r=-.50$, $p<.01$) sowie einer erhöhten Arbeitsfähigkeit ($r=.40$, $p<.01$) und einer erhöhten allgemeinen Arbeitszufriedenheit ($r=.44$, $p<.01$) einher. Diese Befunde zeigten sich bei Kontrolle von Altersdiversität der Teams, mittlerem Alter der Teams, Schichtsystem, Teamgröße und Produktionsbereich.

> Alter(n)sgerechte Führung stellt ein neues Konzept der Führung dar, welches auf die altersbedingten Veränderungen der Geführten eingeht und zudem Aspekte der Zusammenarbeit in altersgemischten Teams berücksichtigt. Das Konzept liefert konkrete Ansatzpunkte, um mit alter(n)sgerechten Verhaltensweisen die Herausforderungen des demographischen Wandels zu bewältigen.

Eine längsschnittliche Untersuchung des Konzepts sowie dessen Abgrenzung zu anderen traditionellen Führungskonzepten steht allerdings noch aus. Auch wenn noch viele Fragen zur Führung von altersgemischten Belegschaften offen sind, so zeigt sich schon jetzt, dass Führungskräften eine besondere Rolle bei der Bewältigung der Herausforderungen des demographischen Wandels zukommt. Das hier vorgestellte Instrument kann hierbei Unterstützung bieten.

### 3.3.5 Jung führt Alt

Der zunehmende Anteil älterer Arbeitnehmer in der Erwerbsbevölkerung führt schließlich zu einer bislang eher selten untersuchten Entwicklung in Unternehmen: Ältere Mitarbeiter sind immer häufiger jüngeren Führungskräften unterstellt. Inwieweit dieser Altersunterschied Auswirkungen auf arbeitsrelevante Größen hat, z. B. die Beziehung zwischen Mitarbeitern und Führungskraft oder gar die Arbeitsleistung der Mitarbeiter, wurde bisher nur in Ansätzen untersucht. Es zeichnet sich ab, dass bei einer Jung-führt-Alt-Konstellation *negative* Auswirkungen zu erwarten sind. So berichten ältere Mitarbeiter über Probleme, Anweisungen von jüngeren Vorgesetzten anzunehmen. Sie haben zudem nur eine geringe Erwartung an die Führungskompetenz jüngerer Vorgesetzter (vgl. Bilinska, Grellert & Wegge, 2014). Eine Erklärung für die negative Bewertung jüngerer Führungskräfte bieten Theorien zu organisationalen Zeitplänen und Status(in)kongruenz. *Beide* Ansätze gehen davon aus, dass Alter und Rolle im Sinne von salienten Statussymbolen bei Jung-führt-Alt-Konstellationen nicht übereinstimmen (Inkongruenz) und dadurch Frustration und Rollenkonflikte bei den Betroffenen auslösen. Dass auch die jüngeren Führungskräfte von diesem Rollenwechsel nicht unbeeinflusst bleiben, deuten erste Studienergebnisse an. Jüngere Vorgesetzte erwarten von älteren Mitarbeitern eher Widerstand als Kooperation und fühlen sich unwohl, Anweisungen an Mitarbeiter zu geben, die das Alter ihrer Eltern oder Großeltern haben.

**Theorien der organisationalen Zeitpläne und der Status(in)kongruenz**

Die Auswirkungen der Konstellation zwischen jüngerer Führungskraft und älterem Mitarbeiter sind bislang allerdings noch nicht ausreichend untersucht. Die bisherigen Befunde zeigen jedoch, dass jüngere Führungskräfte Handlungsstrategien im Umgang mit Widerstand und Stereotypen ihnen gegenüber („der junge, dynamische Vorgesetzte, der alles ändert") entwickeln müssen. Jüngere Führungskräfte sollten daher ihre Fachkompetenz in den Vordergrund stellen und den eigenen Aufstiegsprozess (z. B. Kriterien für die Beförderung/Einstellung) transparent machen, um Vorwürfen der Inkompetenz, Unerfahrenheit oder Ungerechtigkeit vorzubeugen. Zudem sollten sie den Bedürfnissen unterschiedlicher Altersgruppen gleichermaßen nachkommen und eine (wenn auch unbewusste) Favorisierung jüngerer und gleichaltriger Kollegen vermeiden.

## 3.4 Angebote aus der Praxis für die Praxis: Das Demographie Netzwerk

Viele wissenschaftliche Studien belegen, dass von einer erheblichen Arbeitskräftelücke bereits zur Mitte des nächsten Jahrzehnts auszugehen ist. Der drohende Wohlstandsverlust ist eine große Herausforderung. Um dieser Entwicklung zu begegnen, ist eine stringente Demographie-Strategie aller gesellschaftlichen Gruppen erforderlich. Staatliche Stellen, Verbände sowie einschlägig tätige Institutionen, Unternehmen und öffentliche Betriebe sind vor diesem Hintergrund stärker als bisher gefordert. Die Initiative „Neue Qualität der Arbeit (Inqua)" steht in Deutschland vorbildhaft für diese Denk- und Vorgehensweise. Bereits 2006 hat sich hier der gemeinnützige Verein „Das Demographie Netzwerk (ddn)" aus der Initiative Neue Qualität der Arbeit entwickelt und arbeitet seitdem eng mit Inqua zusammen. Bund, Länder, Kommunen und andere Initiativen suchen gemeinsam mit den Unternehmen im Netzwerk nach Wegen, wie die durch den Austauschprozess gefundenen Praxislösungen am Besten in Gesetze, staatliche Regelungen und Initiativen einfließen können. Das ddn arbeitet dabei nach dem Beteiligungsprinzip. Die Unternehmen als Betroffene notwendiger Veränderungsprozesse wirken als aktive Partner bei der Erarbeitung sie selbst betreffender Lösungen mit. In einem Netzwerk von Unternehmen mit über 400 Mitgliedern und zwölf thematisch breit aufgestellten Facharbeitskreisen (siehe http://demographie-netzwerk.de und untenstehenden Kasten) werden gemeinsam mit Wissenschaft und Politik praxisgerechte und regionenspezifische Lösungen für die betriebliche Ebene erarbeitet.

---

### Themenfelder im Demographie Netzwerk (ddn)

Hier muss reagiert werden:
- lebensphasenorientierte Personalpolitik
- altersgemischte Teams
- Wissensmanagement-Systeme
- Altersstrukturanalysen
- mitarbeiterorientierte Unternehmenskultur
- demographieorientierte Tarifgestaltung
- betriebliches Gesundheitsmanagement
- alter(n)sgerechte Arbeitsplätze
- neue Recruiting-Strategien (Employer-Branding etc.)

---

Unternehmen arbeiten im ddn als Ganzes mit, Personalleiter genauso wie Betriebsräte oder Arbeitsmediziner. Die gegenseitige Beratung steht beim ddn im Mittelpunkt. Dabei heißt Beratung immer auch kollegiale Begleitung. Sie verbindet die Weitergabe von Wissen mit sozialer und emotionaler Unterstützung bei den geplanten Veränderungsprozessen. Das ddn bietet einen einfachen Zugang zu praxisgerecht aufbereiteten Informationen ebenso wie den Kontakt zu in vergleichbaren Situationen befindlichen Unternehmen. Konfrontiert mit den gleichen Herausforderungen erleichtert diese Verbundenheit innerhalb des Unternehmensnetzwerks den Wissens- und Erfahrungstransfer, aber vor allem die Umsetzung und Routinisierung gemeinsam erarbeiteter Lösungen.

Auf diese Weise werden die Betroffenen in den Unternehmen zu aktiven Partnern eines selbstgesteuerten Wissenstransfer- und Netzwerkprozesses. Sie werden in die Lage versetzt, sowohl die Vorteile der Partizipation als auch die eines synchronen Abgleichs von theoretischen Lösungen und praktischer Umsetzbarkeit zu nutzen. Durch die Parallelität gemeinsamer Entwicklung und Umsetzung gelingen sowohl die Sensibilisierung als auch das sich daraus ergebende Handeln wesentlich schneller als bisher. Das ddn stößt **Regionale Netz-** Netzwerkbildungen in den Regionen an, indem die Mitglieder mit potenziel- **werkbildung** len Treibern und Promotoren Kontakt aufnehmen und Strategieoptionen entwickeln. Dabei werden ggf. vorhandene Strukturen ergänzt und unterstützt, um eine optimale Vernetzung zu erreichen. Durch den regelmäßigen Austausch der ständig wachsenden Regionalnetzwerke des ddn wird ein zielgenauer Wissenstransfer in den Regionen ermöglicht. Zurzeit (Stand 2015) gibt es 18 etablierte und 6 in Gründung befindliche ddn-Regionalnetzwerke. Die Mitglieder des ddn vertreten die Philosophie, dass durch den Austausch mit anderen Akteuren neue kreative Ideen entstehen. Deshalb verstehen sie das ddn ausdrücklich als offenes Netzwerk, in dem weitere Unternehmen jederzeit willkommen sind. Ddn steht für einen gemeinsamen Lern-, Vergleichs- und Innovationsprozess, der Unternehmen und Institutionen optimal auf den demographischen Wandel vorbereiten soll. Durch den regelmäßigen Austausch der ständig wachsenden Regionalnetzwerke mit den zwölf thematisch breit aufgestellten Facharbeitskreisen des ddn wird ein kontinuierlicher Expertendialog ermöglicht. Speziell das Systemgrenzen überschreitende Denken und Handeln in den Regionen wird gefördert und auf diesem Weg werden innovative praxisorientierte Lösungen unterstützt.

# 4    Vorgehen beim Diversity Management

Die Generation der Babyboomer wird bis in die Jahre 2025 bis 2030 in großer Zahl die Unternehmen verlassen und in den Ruhestand eintreten. Als Folge hiervon steigt der Bedarf vor allem an Fach- und Führungskräften bei gleichzeitig schrumpfendem Arbeitsmarkt. Dieser demographiebedingte Fachkräftemangel wird in seiner Problematik für die Unternehmen dadurch verstärkt, dass sich die Gesellschaft zu einer Wissensgesellschaft hin ent-

**Fachkräfte-mangel**

wickelt, in einer zunehmend globalen und digitalisierten Welt. Diese Entwicklung trägt entscheidend dazu bei, dass der steigende Fachkräftemangel nicht – wie gelegentlich angenommen – durch Arbeitslose kompensiert werden kann, da dieser Personenkreis (insbesondere im Falle von Langzeitarbeitslosigkeit) oft nicht über die von den Unternehmen nachgefragten Qualifikationen verfügt. Dies heißt natürlich nicht, dass in der Gruppe der älteren Langzeitarbeitslosen keine Personen zu finden wären, die für einen Wiedereinstieg in das Erwerbsleben geeignet sind. Wie Mussel, von der Bruck und Schuler (2009) zeigen konnten, gelingt älteren Arbeitslosen der berufliche Wiedereinstieg insbesondere dann, wenn sie über hohe soziale Kompetenzen, ein hohes Leistungsmotiv und eine stark ausgeprägte Kunden- und Serviceorientierung verfügen. Dennoch, weil im Zuge der Schrumpfung

**Demographi-scher Wandel erfordert neue Strategien der Personal-rekrutierung**

unserer Gesellschaft auch die Anzahl der Absolventen allgemeinbildender Schulen und damit zugleich die Nachfrage an Ausbildungsplätzen abnehmen werden, müssen zur Überwindung des Fachkräftemangels neue Rekrutierungspotenziale erschlossen und neue Rekrutierungsstrategien entwickelt werden. Das heißt, die Unternehmen sind gehalten, ihre Arbeitskräfte in bisher wenig beachteten Personengruppen zu suchen, wie Frauen, Ältere, Migranten sowie qualifizierte Arbeitskräfte aus dem Ausland. Als Folge hiervon werden Unternehmen zukünftig mit der Anforderung konfrontiert, zunehmend „bunter" werdende Belegschaften einzubinden und zu integrieren, deren Mitglieder durch unterschiedliche Wertesysteme, Erwerbsbiografien, Arbeitseinstellungen etc. gekennzeichnet sind. In ähnlicher Weise dürften sich auch die Kundengruppen (für die hergestellten Produkte und angebotenen Dienstleistungen) auf globalisierten Märkten in Richtung auf zunehmende Vielfalt entwickeln. Der Umgang mit und das Management von Vielfalt wird in den nächsten Jahren folglich zwangsläufig an Bedeutung gewinnen und die Unternehmen vor neuartige Herausforderungen stellen.

## 4.1    Demographiefeste Personalstrategien

Um diesen Herausforderungen angemessen begegnen zu können, werden in der Praxis (vgl. Kap. 3.4 und den Kasten zu den zentralen Themenfeldern des ddn in Kap. 3.4) und der Forschung zumeist verschiedene Handlungsfelder definiert, die sich auf zentrale Teilprobleme beziehen, die der demographische Wandel in Organisationen mit sich bringt (vgl. z.B. Fal-kenstein, 2013; Langhoff, 2009; Schlick, Frieling & Wegge, 2013; Streb, Voelpel & Leibold, 2008). Tabelle 5 gibt einen Überblick oft diskutierter Punkte und Empfehlungen.

**Tabelle 5:**

Beispiele für altersbedingte Veränderungen sowie daraus resultierende Konsequenzen für ein alter(n)sgerechtes Personalmanagement

| | Altersbedingte Veränderungen | Konsequenzen für das Personalmanagement |
|---|---|---|
| **Körperliche Leistungs-fähigkeit** | – abnehmende Muskelkraft und Lungenkapazität<br>– schwächeres Herz-Kreislaufsys-tem<br>– geringeres Seh- und Hörvermögen<br>– längere Regenerationszeit | – präventive ergonomische Arbeitsplatzgestaltung<br>– ausreichende Beleuchtung<br>– Schriftgrößen anpassen<br>– Pausen, arbeiten nach eige-nem Tempo |
| **Psychische Leistungs-fähigkeit** | *Altersbezogene Abnahme von:*<br>– Reaktionsgeschwindigkeit<br>– Daueraufmerksamkeit<br>– Multitasking-Fähigkeiten<br><br>*Altersbezogene Zunahme von:*<br>– Urteilsvermögen<br>– Kommunikationsfähigkeiten<br>– Selbststeuerung<br>– Verantwortungsbewusstsein<br>– Zuverlässigkeit | – Handlungsspielräume und Autonomie vergrößern<br>– Eigenverantwortlichkeit erhö-hen<br>– ganzheitliche Aufgaben anbieten<br>– wenig Zeit- und Leistungs-druck<br>– systematisches kognitives Training |
| **Lern-fähigkeit** | – häufig ungünstige Lernstrategien<br>– Lernentwöhnung<br>– nachlassende Geschwindigkeit der Informationsverarbeitung mit dem Alter | – Anpassen von Weiterbil-dungsmaßnahmen (Praxis-bezug, eigenes Lerntempo, bessere Strukturierung der Lerninhalte)<br>– arbeitsnahe Qualifizierungen |
| **Soziale Kompetenz und Motivation** | *Veränderte Schwerpunkte:*<br>– Mitgefühl, Hilfsbereitschaft<br>– Ausrichtung auf Konstanz und Konfliktvermeidung<br>– hohe Identifikation mit Betrieb<br>– Neigung, Altes zu bewahren<br><br>*Wichtiger werdende Motive:*<br>– Wertschätzung und Respekt<br>– Arbeitsklima, Freundlichkeit<br>– Arbeitsplatzsicherheit, Stabilität<br>– gesellschaftliche Bedeutung der Tätigkeit<br><br>*Weniger wichtige Motive:*<br>– Einkommen<br>– Einfluss<br>– Karrierechancen | – intergenerativen Austausch fördern<br>– respektvollen Umgang för-dern<br>– Schätzen von Erfahrungs-wissen<br>– Belastung den Ressourcen anpassen<br>– Verantwortung übergeben<br>– alter(n)sgerechte Rolle im Team |

| | Altersbedingte Veränderungen | Konsequenzen für das Personalmanagement |
|---|---|---|
| **Gesund-heits-zustand** | *Häufigste Beschwerden:*<br>– Lungenerkrankungen<br>– Krebserkrankungen<br>– Arthritis<br>– Diabetes<br>– kardiovaskuläre Erkrankungen<br>– Angst und Depression | *Gesundheitsprävention:*<br>– Untersuchungen und Trai-ningsmöglichkeiten<br>– Gesundheitsverhalten för-dern<br>– Ausgleich zum Beruf fördern |

Das nach u. E. besonders wichtige Thema der alter(n)sgerechten Führung haben wir an anderer Stelle ausführlich besprochen (vgl. Kap. 3.3 und 5). Wir betrachten daher im Folgenden sechs andere Bereiche genauer: Altersdiskriminierung, Personalrekrutierung und Auswahl, Kompetenzentwicklung, Arbeitsmotivation, Gesundheitsförderung und Arbeitsgestaltung sowie Maßnahmen zur Veränderung der Wahrnehmung von Diversität.

## 4.1.1 Handlungsfeld Altersdiskriminierung

Welche Vorurteile bestehen gegenüber älteren Mitarbeitern? Gibt es überhaupt so etwas wie Altersdiskriminierung in Deutschland? Aussagen kritischer Beobachter unserer Gesellschaft – „Im Prinzip ist das Altwerden bei uns erlaubt, aber es wird nicht gern gesehen" (Kramer, 2003, S. 257), Artikelüberschriften großer Magazine – z. B. in der Zeit vom 10. 3. 1994: „Pest, Hunger und Krieg sind glücklich überwunden – nun sind die Alten da" – deuten genauso wie viele umgangssprachliche Redewendungen wie z. B. – „Wir brauchen junges Blut" oder „Was Hänschen nicht lernt, lernt Hans nimmermehr"– darauf hin, dass alt sein in unser Gesellschaft nicht gerade positiv beurteilt wird. Dies bestätigen auch Studien von Röhr-Sendlmeier und Ueing (2004) mit Blick auf die Anzeigenwerbung, in der Darstellungen älterer Menschen deutlich unterrepräsentiert sind. Wie Kessler, Rakoczy und Staudinger (2004) finden, werden ältere Menschen zur Hauptsendezeit in Fernsehserien zudem oft auf verfremdende Weise gezeigt, im Sinne des reichen, gesunden Alten in typischen Geschlechtsrollen. Wenngleich man sich in der gerontologischen Forschung **Diskriminie-rung Älterer empirisch nachgewiesen** zum Teil noch schwer damit tut, von einer gesellschaftlich verbreiteten Diskriminierung des Alters zu sprechen, hat die psychologische Forschung, insbesondere die Forschung mit Blick auf das Berufsleben, inzwischen eindeutige Ergebnisse erbracht (vgl. Posthuma & Campion, 2009; Wegge, Jungmann et al., 2011; Kunze, Boehm & Bruch, 2011). Wie die im folgenden Kasten zusammengefassten Befunde belegen, ist das grundsätzliche Phänomen der Diskriminierung Älterer (durch Jüngere und Vorgesetzte) inzwischen empirisch sehr gut belegt.

## Altersdiskriminierung in Organisationen

### Das Phänomen

Eine Altersdiskriminierung findet dann statt, wenn Personalentscheidungen (z. B. Einstellungen, Beförderungen) primär aufgrund des Alters und nicht aufgrund der individuellen Qualifikation einer Person getroffen werden. Altersstereotype spielen hierbei eine zentrale Rolle. Älteren Mitarbeitern werden sehr verlässlich bestimmte Merkmale zugeschrieben, wobei eine negative Sichtweise nach der Meta-Analyse von Kite, Stockdale, Whitley und Johnson (2005) deutlich überwiegt. Die am häufigsten genannten negativen Stereotype in verschiedensten Studien sind: geringe Lernbereitschaft und Anpassungsfähigkeit (Starrheit, Resignation), ein erhöhtes Krankheitsrisiko, geringe Leistungsfähigkeit (in Bezug auf Wahrnehmung, Reaktionsfähigkeit, Kraft, Beweglichkeit, Belastbarkeit, Gedächtnis) sowie geringe Attraktivität. Die am häufigsten genannten positiven Stereotype sind: hohes Erfahrungswissen, Loyalität, Geübtheit, Verantwortungsbewusstsein und menschliche Reife (Weisheit). Die Studien zeigen ferner, dass insbesondere *jüngere* Personen und *Vorgesetzte* jeden Alters die Leistungsfähigkeit älterer Arbeitskräfte geringer einschätzen als die Jüngerer. Solche Stereotype können – ohne dass sich die Person ihrer bewusst ist – direkt zu einer geringen Beschäftigungsquote Älterer beitragen, weil sie die Entscheidungen von Vorgesetzten beeinflussen. Die Aktivierung negativer Aspekte des Altersstereotyps kann aber auch bei den Betroffenen selbst zu Leistungseinbußen führen, etwa wenn diese das eigene Selbstbild und/oder ihr Verhalten entsprechend verändern. Altersbedingte Vorurteile können natürlich ebenso zur Benachteiligung Jüngerer führen, etwa weil diese sich bei Beförderungen übergangen fühlen. Kunze et al. (2011) konnten ferner zeigen, dass auch die Leistung von Organisationen durch ein Klima der Altersdiskriminierung verringert wird.

*Altersstereotype beinhalten vorwiegend negative Merkmalszuschreibungen*

### Ursachen der Diskriminierung älterer Mitarbeiter

Nach Kluge, Fröhlich und Krings (2008) ist die weite Verbreitung und Beharrlichkeit negativer Haltungen der Jüngeren gegenüber den Älteren – aus psychologischer Perspektive – insbesondere darauf zurückzuführen, dass hiermit ein Schutz des Selbstwertes der Jüngeren erfolgt, weil man die negativen Merkmale Älterer nicht auf den Alterungsprozess (dann könnten sie für die eigene Person ja auch zutreffen), sondern auf die alten Menschen selbst zurückführt. Es sind aber auch fehlerhafte Ursachenzuschreibungen beteiligt, weil Leistungseinbußen bei Älteren eher auf deren Fähigkeit, bei Jüngeren aber eher auf unglückliche Umstände zurückgeführt werden. Die oben angeführten Verzerrungen der Darstellungen Älterer in den Medien und der Wettbewerb um attraktive Arbeitsplätze im Zusammenhang mit gut gemeinten sozial-politischen Regelungen, die Ältere jedoch eher diskriminieren, dürften weitere Gründe sein.

*Gründe für Altersdiskriminierung*

Was können Unternehmen nun gegen Altersdiskriminierung tun? Die psychologische Forschung gibt einige Empfehlungen dazu, wie man der Altersdiskriminierung bei Personalentscheidungen (Einstellungen, Beförderungen, Weiterbildungsteilnahme etc.) entgegenwirken kann (vgl. Roth et al., 2007).

Demnach sind folgende Strategien der Vorbeugung von Altersdiskriminierung hilfreich:
– Auswahl von älteren Beurteilern und/oder Personen mit geringen Vorurteilen gegenüber Älteren,
– eine Kombination der Altersinformation mit anderen, jobrelevanten Merkmalen der Person,
– die Schaffung einer kognitiv wenig belastenden Entscheidungssituation (z. B. kein übermäßiger Zeitdruck, keine Ablenkungen),
– eine Verringerung der gedanklichen Salienz der Alterskategorie durch die Präsentation von altersbalancierten Bewerberstichproben,
– die Nutzung verschiedener (unabhängiger) Beurteiler für jüngere und ältere Bewerber.

Ferner ist anzunehmen, dass zur Verringerung von Altersdiskriminierung in Organisationen auch *Trainings* erfolgreich sind, die allgemeine Prinzipien zum Abbau von Intergruppenkonflikten umsetzen. Demnach wäre der „Kontakt" zwischen Alt und Jung dann geeignet, Vorurteile abzubauen, wenn diese beiden Gruppen in der Kontaktsituation gleichen Status haben, gemeinsame Ziele verfolgen, miteinander kooperieren, während der Kooperation die Gruppenzugehörigkeit salient (gedanklich bewusst) ist und die Kooperation vom Management unterstützt wird. Dies ist nach unserem Wissen für „Alt und Jung" jedoch erst in Ansätzen empirisch untersucht (Chasteen, 2005; vgl. Kap. 1.3, 3.2 und 5).

## 4.1.2 Handlungsfeld Personalrekrutierung und Personalbindung

Unter den einleitend aufgeführten allgemeinen Trends des demographischen Wandels sind insbesondere die Alterung, die Schrumpfung und die Wanderungsbewegungen von besonderer Bedeutung für die Demographie-Analyse des Standorts. Zum Beispiel gehen mit einer Verschlechterung der ökonomischen Rahmenbedingungen des Standorts entsprechend höhere Bevölkerungsverluste einher, die insbesondere durch die Abwanderung jüngerer und qualifizierter Arbeitskräfte verursacht werden. Dies erschwert naturgemäß die Rekrutierung von Personalersatzbedarf.

Zukünftige demographiefeste Personalstrategien können diesen Entwicklungen z. B. dadurch begegnen, indem
- Frauen, Ältere und Migranten verstärkt als Arbeitskräfte angeworben werden,
- Frauen nach der Familienphase der Wiedereinstieg durch verbesserte Angebote zur Kinderbetreuung erleichtert wird und
- die Bindung von Fach- und Führungskräften an das Unternehmen auch langfristig gestärkt wird.

Aufbauend auf den Kennzahlen der Altersstrukturanalyse und der Demographie-Analyse des Standortes stellt sich u. a. die Aufgabe, demographiefeste und zukunftsorientierte Personalstrategien abzuleiten, die insbesondere die Handlungsfelder der Rekrutierung, der Bindung von Mitarbeitern und den Übergang in die Rente betreffen (Langhoff, 2009). Da eine Entwicklung von Personalstrategien immer betriebs- und standortspezifisch ausfallen muss, kann im Folgenden nur auf *allgemeine* Strategien eingegangen werden, die viele Unternehmen in der Zukunft erörtern und umsetzen dürften.

Die erste Entwicklung betrifft den für die nächsten Jahre prognostizierten *Fachkräftemangel*. Nach dem Ausscheiden der Babyboomer-Generation aus dem Erwerbsleben (in den Jahren 2025 bis 2030) erhöht sich der Ersatzbedarf vor allem an Fach- und Führungskräften bei gleichzeitig schrumpfenden Arbeitskräftemärkten. Die Deckung dieses Ersatzbedarfs an Arbeitskräften wird zudem dadurch erschwert, dass potenziell rekrutierbare Arbeitslose häufig nicht über die benötigten Qualifikationen verfügen und auch der Anteil gering qualifizierter Jugendlicher ansteigt. Diese Entwicklungen stellen neue Herausforderungen für zukünftige demographiefeste Personalstrategien, die vorrangig folgende Ziele zu verfolgen haben:

Fachkräftemangel bei schrumpfenden Arbeitskräftemärkten

- neue, bisher zu wenig beachtete Personengruppen müssen bei der Rekrutierung angesprochen werden,
- Ausbau und Verbesserung der betrieblichen Aus- und Weiterbildung, um die Facharbeiterquote zu erhöhen,
- Sicherung und Erhalt des Erfahrungswissens der ausscheidenden Babyboomer-Generation durch organisierte Programme des Wissenstransfers an Jüngere,
- Stärkung der Bindung von Fach- und Führungskräften an das Unternehmen (z. B. durch Bereitstellung attraktiver Arbeitsbedingungen zur Verbesserung der Vereinbarkeit von Familie und Beruf),
- Entwicklung neuer, auch individualisierter Übergangsformen in die Rente (sofern gesetzliche Rahmenbedingungen dies erlauben).

Abschließend soll an drei Beispielen illustriert werden, wie (a) neue, bisher wenig beachtete Personengruppen bei der Personalrekrutierung erschlossen werden können, (b) die Attraktivität von Unternehmen erhöht werden kann, um die langfristige Bindung der Mitarbeiter an das Unternehmen zu stärken, und (c) einer Frühverrentung Älterer vorgebeugt werden kann.

## Nachwuchsgewinnung von jungen Frauen

Unternehmen sind in der Zukunft mehr denn je darauf angewiesen, bisher wenig beachtete Personengruppen für die Nachwuchsgewinnung zu erschließen. Junge auszubildende Frauen gehören zu diesen vernachlässigten Personengruppen. Die bisherigen Hindernisse (wie schwere körperliche Arbeit, bestimmte Arbeitsumgebungsbelastungen), die junge Frauen zögern ließen, bestimmte berufliche Qualifikationen (z. B. im Handwerk oder Maschinenbau) anzustreben bzw. zu erwerben, sind heutzutage weniger wirksam als in der Vergangenheit. Dies erleichtert deren Ansprechbarkeit durch entsprechende Ausbildungsangebote. Gleichzeitig erzielen weibliche Schulabgänger bessere Abschlussnoten als männliche Schulabgänger; sie sind aufgrund ihrer erworbenen Kompetenzen folglich eher in der Lage, den Nachwuchsbedarf an qualifizierten Fachkräften zu decken. Es gibt also mehrere Gründe für Unternehmen, dieser Personengruppe bei der Personalrekrutierung verstärkte Aufmerksamkeit zu schenken. Dies kann z. B. im Rahmen von Informationsveranstaltungen in Schulen geschehen, in denen Unternehmen ihre Ausbildungsangebote insbesondere mit Blick auf die Bedürfnisse und Interessen weiblicher Auszubildender vorstellen und präsentieren. Die zielgruppenspezifische Vorstellung von Arbeitsplatzangeboten kann aber auch im Unternehmen selbst erfolgen. Die Beteiligung an dem jährlich organisierten Aktionstag „Girls' Day" kann hier hilfreich sein. Wie in Kapitel 1.3 schon erwähnt wurde, sind auch entsprechende Mentoring-Programme zu empfehlen. Weitere Beispiele und Hinweise findet man bei Lindsey et al. (2013) und im ddn-Netzwerk (vgl. Kap. 3.4).

## Langfristige Bindung der Beschäftigten an das Unternehmen

Um im Wettbewerb auf knappen Personalmärkten bestehen zu können, kommt der Schaffung attraktiver, den Bedürfnissen der Beschäftigten angepassten Arbeitsbedingungen eine bedeutsame Rolle zu. Dabei sollte nicht nur den arbeitsbezogenen Bedürfnissen Rechnung getragen werden, sondern auch den Bedürfnissen außerhalb der Arbeitsrolle sowie den Aufgaben und Verpflichtungen, die Familien, Kinder und in Zukunft auch verstärkt pflegebedürftige ältere Familienmitglieder mit sich bringen. Als übergeordnetes Orientierungskriterium zur Bewertung von Maßnahmen einer bedürfnisgerechten Gestaltung der Arbeit kann die sogenannte „Work-Life-Balance" dienen. Wenngleich mit diesem Begriff recht unterschiedliche Vorstellungen verbunden werden, besteht doch weitgehender Konsens darin, dass „Work-Life-Balance" das Austarieren von Anforderungen der Arbeit mit

**Work-Life-Balance zwischen belastenden und erholsamen Aktivitäten herstellen**

68

anderen Lebensbereichen und das Finden einer Balance von belastenden und erholsamen Aktivitäten in beiden Lebensbereichen beinhaltet (Collatz & Gudat, 2011).

Die Frage, wie durch die Gestaltung von z. B. Arbeitsaufgaben und Arbeitszeiten eine Balance zwischen Arbeit und anderen Lebensbereichen und den hiermit verbundenen Belastungen und Anregungen hergestellt werden kann, lässt sich nicht grundsätzlich beantworten. Denn die individuellen Bedürfnisse der Beschäftigten weisen große Unterschiede auf und verändern sich zudem im Verlauf der Lebensspanne. Um dennoch individuelle oder zielgruppenspezifische Gestaltungslösungen zu finden, ist die *aktive Beteiligung der Beschäftigten* an allen Gestaltungsbemühungen eine wesentliche Voraussetzung. Ohne deren Beteiligung dürfte das Herstellen einer abgewogenen „Work-Life-Balance" nicht möglich sein.

**Aktive Beteiligung der Beschäftigten bei allen Gestaltungsansätzen**

Daneben haben sich die Gestaltungsoptionen sowohl für die Unternehmen als auch für die Beschäftigten durch den Einzug moderner Kommunikationstechnologien in beiden Lebensbereichen erheblich erweitert. Teilarbeit, Jobsharing oder Vertrauensarbeitszeit sind Beispiele für diese neuen Gestaltungsoptionen. Wenngleich die hiermit gewonnenen Gestaltungs- und Flexibilitätsspielräume durchaus orientiert an einer ausgewogenen „Work-Life-Balance" genutzt werden können, dürfen die hiermit verbundenen Risiken und Gefahren jedoch nicht übersehen werden. Beispielsweise kann die erleichterte Erreichbarkeit der Beschäftigten durch Internet und Mobiltelefone zu einer belastenden Auflösung von zuvor zeitlich und räumlich getrennten Arbeits- und anderen Lebensbereichen führen (Pangert & Schüpbach, 2013). Die Flexibilisierungsgewinne dieser „Entgrenzung der Arbeit" gilt es in Zukunft besser als bisher gegen die hiermit ebenfalls verbundenen Risiken abzuwägen. Wenn dies gelingt, dann eröffnen sich Unternehmen und Beschäftigten vielfältige neue Wege für eine die Mitarbeiterbindung stärkende Arbeitsgestaltung.

**Chancen und Risiken der Entgrenzung der Arbeit**

## Übergang in den Ruhestand

Der Übergang in den Ruhestand kann sowohl persönliche Verluste als auch Gewinne mit sich bringen. Was im Einzelfall überwiegt, hängt u. a. von den Arbeitsbedingungen vor dem Renteneintritt ab. Neuere Studien zeigen, dass nicht allein die Gesundheit, sondern die letzten Arbeitsjahre bzw. die antizipierten Arbeitsbedingungen bei Weiterbeschäftigung entscheidend dafür sind, ob Frührente in Anspruch genommen wird oder nicht. Neben der Gesundheit sind also die subjektive Arbeitsfähigkeit und die Arbeitsmotivation einer Person von großer Bedeutung für diese Entscheidung (Liebermann & Wegge, 2010; Peter & Hasselhorn, 2013).

In vielen Unternehmen sind ältere Arbeitnehmer leider immer noch mit der Vorstellung konfrontiert, dass sie vor allem eines wollen: so früh wie möglich in Rente zu gehen. Sie stoßen auf *Vorurteile,* die ihnen insbesondere weniger Effektivität, Flexibilität und Lernbereitschaft zuschreiben. Diese wirken zum einen negativ auf das eigene Selbstbild und führen andererseits dazu, dass die Bedingungen, unter denen ältere Menschen arbeiten, nicht deren tatsächlichen Bedürfnissen, Fähigkeiten und Motiven entsprechen (Furunes & Mykletun 2010, vgl. den Kasten zur Altersdiskriminierung weiter oben). Dies hat sogar bis über den Renteneintritt hinaus Konsequenzen für die subjektive Gesundheit. Blekesaune und Solem (2005) zeigen, dass krankheitsbedingte Frühverrentungen vor allem im Zusammenhang mit Arbeitsbedingungen auftreten, die *körperlich belastend* sind. Die größten Risiken für die Gesundheit im Ruhestand sind chronische Krankheiten, die sich aus früheren Lebensphasen weitertragen und im Alter verschlechtern. Frühzeitige gesundheitsförderliche Arbeitsbedingungen sowie eine gezielte *betriebliche Gesundheitsförderung* in Form von Angeboten sportlicher Betätigungen sowie Unterstützung gesunder Schlaf- und Essgewohnheiten wirken sich hingegen positiv auf die subjektive Gesundheit im Alter aus (Liebermann & Wegge, 2010) und tragen dazu bei, den Anteil an Frührentnern zu senken (Rüdiger, 2009).

Arbeitsbedin-
gungen und
Frühverrentung

Frühverrentungen treten ferner vor allem bei geringer *Autonomie* und hohem *psychischen Stresserleben* auf. Arbeitnehmer entscheiden sich häufiger für die frühe Verrentung, wenn sie wenig in Entscheidungen einbezogen werden, wenige *soziale Unterstützung* erfahren und die Balance zwischen Anstrengung und Belohnung als unangemessen wahrgenommen wird. Vor allem Tätigkeiten, die wenig herausfordernd sind und einen geringen Grad an *sozialen Interaktionsmöglichkeiten* aufweisen, sind für ältere Arbeitnehmer problematisch und erhöhen die Absicht, vorzeitig aus dem Arbeitsprozess auszusteigen. Elovainio et al. (2005) identifizierten *Kontrollmöglichkeiten* und *Anforderungen* der Arbeitstätigkeit als zentrale Einflussfaktoren. Die Entscheidung für die Frührente ist dann am wahrscheinlichsten, wenn Anforderungen hoch und Kontrollmöglichkeiten gleichzeitig gering eingestuft wurden.

Im Rahmen der *Initiative Qualität der Arbeit* (Inqua, vgl. Kap. 3.4) wurden Voraussetzungen speziell für die Weiterbeschäftigung von Frauen bis 67 erfragt. Über die Hälfte der Befragten geben auch hier Belastungsreduktion und gesundheitsfördernde Maßnahmen an. 50 % wünschen sich einen verbesserten Zugang zu *Weiterbildung,* 37 % bessere Anerkennung ihrer Leistungen und 61 % stärkere berufliche *Herausforderungen* und anspruchsvolle Tätigkeiten. Entgegen gängiger Vorurteile sind ältere Arbeitnehmer keinesfalls weniger motiviert als jüngere. Die Motivation verschiebt sich mit dem Alter in Richtung intrinsischer Motive, im Sinne eines „Nützlich-Seins" und „Wertgeschätzt-Seins" (vgl. Kap. 2.3 und 4.1.4). Oft treffen ältere Arbeitnehmer jedoch auf Bedingungen, in denen sie wenig

*Wertschätzung* erfahren und kaum Chancen bekommen, interessante und herausfordernde Tätigkeiten auszuführen, sich weiterzuentwickeln und ihre Erfahrungen angemessen einzubringen und weiterzugeben. Dies sind daher – neben der Gesundheitsförderung selbst – ebenfalls zentrale Stellgrößen, wenn es darum geht, Arbeitnehmer möglichst lange im Beruf zu halten.

### 4.1.3 Handlungsfeld Kompetenzentwicklung

Der Weiterbildung kommt im Zusammenhang mit dem demographischen Wandel im Unternehmen eine Schlüsselfunktion zu. Beständige, lebenslange berufliche Weiterbildung ist in der Wissensgesellschaft unabdingbar, da der Bedarf an gering qualifizierten Arbeitskräften sinkt, der Bedarf an gut qualifizierten Mitarbeitern für anspruchsvolle Dienstleistungen aber stetig zunimmt (Allmendinger & Ebner, 2006). Nach Ergebnissen zahlreicher Studien beteiligen sich allerdings 50- bis 64-Jährige an beruflichen Weiterbildungen deutlich weniger als Jüngere. Oft wird in den Betrieben argumentiert, dass sich eine Qualifizierung älterer Mitarbeiter nicht lohnt, da die verbleibende Beschäftigungsdauer zu kurz ist gemessen an den Weiterbildungsinvestitionen. Zudem ist die Meinung, Ältere seien weniger weiterbildungsfähig und -willig als Jüngere, in Organisationen weit verbreitet (vgl. den Kasten zur Altersdiskriminierung). Von lebenslangem Lernen und lebenslanger Bildung kann mit Blick auf die Älteren heute also noch nicht wirklich die Rede sein. Stattdessen wird in Unternehmen oft eine allgemeine punktuelle und anpassungsbezogene Personalentwicklung favorisiert. In Bezug auf die vorhandenen Trainings sind darüber hinaus Schwachstellen zu erkennen. Unternehmen tendieren z. B. dazu, „Off-the-job"-Trainings in alters*heterogenen* Gruppen zu gestalten. Dabei wird dann häufig die Erfahrung gemacht, dass ältere Beschäftigte mit dieser Lern- und Trainingsform, insbesondere mit dem Lerntempo, nur bedingt zurechtkommen. Temponachteile (einiger) Älterer sollten durch besonders gestaltete Weiterbildungen älterer Mitarbeiter ausgeglichen werden. Wie Kruse und Rudinger (1997) erörtern, sind für das erfolgreiche Lernen im Erwachsenenalter Autonomie, Freiwilligkeit, intrinsische Motivation, die Einbeziehung persönlicher Erfahrungen und die Formulierung eigener Lernziele ebenfalls wichtig. Im folgenden Kasten sind Prinzipien aufgeführt, die nach Sonntag und Stegmaier (2007) sowie Wolfson, Cavanagh und Kraiger (2014) zur Gestaltung von (zunehmend technologiebasierten) Trainings für Ältere empfehlenswert sind. Diese Prinzipien nehmen die in Teilen durchaus vorhandenen Unterschiede zwischen jüngeren und älteren Personen ernst, streben aber zugleich an, den hieran geknüpften Vorurteilen und Diskriminierungen erfolgreich entgegenzuwirken.

**Prinzipien der Trainingsgestaltung für Ältere**

> ## Prinzipien für die Trainingsgestaltung mit Blick auf ältere Arbeitnehmer (nach Sonntag & Stegmaier, 2007 sowie Wolfson, Cavanagh & Kraiger, 2014)
>
> – *Ausreichend Lernzeit einplanen:* Da die Geschwindigkeit der Informationsverarbeitung mit dem Alter eher zurückgeht, benötigen ältere Lernende durchschnittlich mehr Zeit für denselben Lernstoff. Im Training sollte folglich sichergestellt werden, dass die Älteren beim Lernen nicht unter Zeitdruck geraten.
> – *Übung und frühe Erfolge ermöglichen:* Ältere Personen sind in Trainingskontexten häufig unsicher und ängstlich, ob sie den Lernanforderungen gerecht werden. Das Training sollte daher so aufgebaut werden, dass die Älteren durch angemessene Übungsphasen frühe Erfolge erreichen können. Angst provozierende Wettbewerbssituationen sind zu vermeiden.
> – *Vorwissen abrufen und aktivieren:* Bei der Vermittlung von neuem Wissen oder neuen Fähigkeiten sollte soweit möglich an bereits vorhandenes Wissen (bestehende Erfahrungen) angeknüpft werden.
> – *Lerninhalte klar und konsistent strukturieren und sequenzieren:* Ältere können ihre Aufmerksamkeit oft nicht mehr so gut auf verschiedene Informationen gleichzeitig verteilen. Lerninhalte sollten daher sequenziert vermittelt werden, sodass ein neues Themengebiet erst dann begonnen wird, wenn ein bereits behandeltes sinnvoll abgeschlossen wurde. Bei computerbasierten Trainings ist das durch angemessene Schnittstellengestaltung zu unterstützen.
> – *Organisation des Lernens fördern:* Im Training sollte (nebenbei) vermittelt werden, wie man neues Wissen und eigene Lernaktivitäten organisieren kann (Metakognition). Durch die Vermittlung von Lernstrategien kann die Enkodierung, das Wiederholen und das Abrufen neuer Informationen erleichtert werden.
> – *Angebot organisationaler Unterstützungsprozesse* (lebenslanges Lernen als Devise) zur besonderen Unterstützung des Lernens Älterer.

Da mit Blick auf die Teilnahme Älterer an der Weiterbildung oft nur die negativen Fakten wahrgenommen werden, nicht aber nach den Ursachen gefragt wird, ziehen viele den vorschnellen Schluss, dass sich bei Älteren eine Qualifizierung nicht mehr lohne. Allerdings glauben auch ältere Mitarbeiter z. T. selber daran, dass sie das Lernen nicht mehr bewältigen können (Ng & Feldmann, 2012). Dabei spricht ja objektiv nichts dagegen (siehe oben), dass der größte Teil der älteren Mitarbeiter lern- und somit weiterbildungsfähig ist, um so neue Qualifikationen zu erwerben. Woran liegt es also, dass Ältere allgemein als weniger lernfähig und motiviert gelten? Die Gründe für diese Fehleinschätzungen auf beiden Seiten sind einerseits in den weit verbreiteten Vorurteilen gegenüber Älteren zu sehen, es gibt aber andererseits auch betriebsinterne Faktoren. Die drei häufigsten Ursachen sind: fehlende Weiterbildungsmöglichkeiten, anforderungsarme Tätigkeiten und qualifikatorische Sackgassen. Um wettbewerbsfähig zu bleiben und die eigenen Humanressourcen optimal zu nutzen, sind Unternehmen aufgefordert, das Konzept des lebenslangen Lernens in einer altersübergreifenden Weiterbildungspolitik zu verankern. Aber auch die älteren Erwerbstätigen müssen stärker erkennen, dass mit Beendigung der Schule und der Berufsausbildung die Lernphase nicht abgeschlossen ist, da man sonst seine Wahlmöglichkeiten auf dem Arbeitsmarkt einschränkt und ein Tätigkeitswechsel sich als schwierig erweisen kann. Benötigt wird eine kontinuierliche Weiterbildung auch für ältere Arbeitnehmer und die Schaffung einer angemessenen Lernkultur im gesamten Unternehmen. Nur so kann verhindert werden, dass Ältere das Lernen verlernen, entsprechend lernentwöhnt sind und dann das Vorurteil bestätigen, wonach Ältere altersbedingt und generell weniger lernmotiviert und lernfähig seien.

Altersübergreifende Weiterbildungspolitik

Selbstvertrauen in die Lern- und Entwicklungspotenziale Älterer stärken

### 4.1.4  *Handlungsfeld Arbeitsmotivation*

Grube und Hertel (2008) haben altersbedingte Unterschiede in Arbeitsmotivation, Arbeitszufriedenheit und emotionalem Erleben während der Arbeit untersucht. Ihre Ergebnisse zeigen, dass in allen drei genannten Bereichen systematische altersbedingte Unterschiede auftreten. In einer Studie mit 277 Berufstätigen im Alter von 18 bis 65 Jahren zeigte sich z. B., dass ältere Berufstätige zukunftsorientierte Motive wie beispielsweise die Interessantheit ihrer Tätigkeit oder die persönliche Selbstverwirklichung signifikant weniger wichtig einstufen als jüngere Berufstätige. Umgekehrt waren für ältere Berufstätige im Vergleich zu jüngeren Berufstätigen emotionsbezogene Motive wie z. B. gegenseitige Hilfeleistung und auch Autonomie bedeutsamer.

Für ein alter(n)sgerechtes Personalmanagement bestehen Implikationen u. a. darin, altersabhängige Veränderungen beruflicher Interessen und Bedürfnisse ernst zu nehmen und entsprechend darauf zu reagieren. Je besser das Personalmanagement auf die Erfüllung individueller Erwartungen und Bedürfnisse der Mitarbeiter eingehen kann, umso höher ist die zu erwartende Arbeitsmotivation und Arbeitszufriedenheit der betroffenen Mitarbeiterinnen. So entspricht beispielsweise die Ermöglichung von Autonomie und Handlungsspielräumen während der Arbeit besonders den Bedürfnissen älterer Beschäftigter, die dadurch in ihrer Expertise gewürdigt werden und gleichzeitig zusätzliche Möglichkeiten erhalten, altersbedingte Veränderungen ihrer Leistungsfähigkeit zu kompensieren. Grube und Hertel (2008) fassen die altersbedingten Veränderungen verschiedener Arbeitsaspekte wie in Tabelle 6 gezeigt zusammen. Diese Veränderungen spiegeln allgemeine Trends wider, bei großen interindividuellen Unterschieden der entsprechenden Verläufe.

Altersabhängige Zusammenhänge zwischen Arbeitsmotivation und Arbeitszufriedenheit

73

Veränderungen motivationsrelevanter Variablen mit steigendem Alter
(nach Grube & Hertel, 2008)

| Arbeitsaspekte | Veränderung mit steigendem Alter |
|---|---|
| Lernen, Feedback, Aufgabenvielfalt | ↘ |
| Spaß an der Arbeit, Arbeitsklima, Autonomie | ↗ |
| Gehalt, Generativität | ↷ |
| Rollenklarheit, sozialer Status | → |

Der Blick auf altersabhängige Unterschiede in der *Arbeitszufriedenheit* lässt darüber hinaus erkennen, dass erfahrungs- und einstellungsbasierte Arbeitszufriedenheit bei älteren Berufstätigen stärker korrelieren als bei jungen Berufstätigen. Als plausible Erklärung hierfür nehmen Grube und Hertel (2008) an, dass ältere Berufstätige stärker als jüngere Berufstätige bei der Angabe ihrer Arbeitszufriedenheit auf ihr aktuelles Erleben während der Arbeit zurückgreifen. Diese Interpretation steht im Einklang mit der Annahme einer steigenden Bedeutung emotionsbezogener Arbeitsaspekte im Alter. Der zusätzliche Befund, dass erfahrungsbasierte Arbeitszufriedenheit für ältere Berufstätige besser dazu geeignet war, berufliches Verhalten wie z. B. Hilfeleistung oder Kündigungsabsicht vorherzusagen (dies war bei jüngeren Berufstätigen nicht der Fall) unterstützt diese Argumentationslinie.

**Emotionales Erleben bei der Arbeit**

Als dritte Komponente nicht leistungsbezogener Faktoren ist die intraindividuelle *Variabilität im emotionalen Erleben* während der Arbeit neben berufsbezogenen Motiven und der Arbeitszufriedenheit ein wichtiger Bestandteil der Befindlichkeit. In einer ersten Untersuchung hierzu wurden 193 gewerbliche und nicht gewerbliche Arbeitnehmer eines Großhandelsunternehmens in einer Querschnittbefragung untersucht. Die Ergebnisse zeigen keine Unterschiede zwischen jüngeren und älteren Erwerbstätigen in der Höhe der intraindividuellen Variabilität von positivem und negativem Affekt, jedoch berichten ältere Berufstätige eine *geringere Variabilität* der erlebten Arbeitszufriedenheit. Insgesamt liefern diese Ergebnisse noch ein etwas unklares Bild. Sie machen allerdings deutlich, dass Schwankungen im emotionalen Erleben für jüngere und ältere Berufstätige unterschiedliche Funktionen haben können.

Ihre Ergebnisse zusammenfassend, leiten Grube und Hertel (2008) 10 praktische Empfehlungen für ein alter(n)sgerechtes Personalmanagement ab (vgl. folgender Kasten).

---

### 10 praktische Empfehlungen für ein alter(n)sgerechtes Personalmanagement (nach Grube & Hertel, 2008)

1. regelmäßige Erfassung altersbedingter Unterschiede in beruflichen Interessen und Bedürfnissen möglichst auf der Basis empirischer Befunde aus der spezifischen Arbeitsorganisation
2. Stellenbesetzung unter Berücksichtigung altersspezifischer Bedürfnisse (z.B. Autonomie, Handlungsspielraum) im Sinne eines „Person-Environment-Fit"
3. Anpassung von Führungs- und Personalentwicklungsstrategien an sich verändernde berufliche Motive; insbesondere Anpassung beruflicher Anreize
4. Initiativen für ein gutes Arbeitsklima und wertschätzendes Feedback vor allem (auch) für ältere Mitarbeiter
5. neben körperlichen und kognitiven Aspekten sollten motivationale Veränderungen auch bei der Gestaltung von Arbeitsbedingungen berücksichtigt werden (z.B. Möglichkeiten zur Fokussierung auf ähnliche Aufgabenbereiche)
6. Kommunikation und Pflege einer positiven Einstellung gegenüber älteren Mitarbeitern, u.a. Wertschätzung beruflicher Erfahrung und Expertise
7. Weiterbildungsangebote auch für ältere Mitarbeiter
8. berufliche Perspektiven bis zum Ruhestand und ggf. auch darüber hinaus
9. Berücksichtigung und Erfassung des tatsächlichen Erlebens von Mitarbeitern während der Arbeit zusätzlich zur allgemeinen Arbeitszufriedenheit
10. Berücksichtigung altersabhängiger Unterschiede in der Belastbarkeit, in der Sensitivität und in der Selbstregulation emotionalen Erlebens

---

Zu ähnlichen Empfehlungen und Erkenntnissen – insbesondere die intrinsische (extrinsische) Motivation nimmt mit dem Alter zu (ab) und positive Einstellungen zur Arbeit gewinnen an Stärke – kommen auch neuere Meta-Analysen zum Thema (Inceoglu, Segers & Bartram, 2012; Kooij, De Lange, Jansen, Kanfer & Dikkers, 2011; Ng & Feldman, 2010), in denen u.a. verschiedene, potenziell konfundierende Variablen kontrolliert wurden (z.B. das Geschlecht, die berufliche Position und Ausbildung).

## 4.1.5 Handlungsfeld Gesundheitsförderung und Arbeitsorganisation

Subjektive
Gesundheit
älterer Arbeits-
personen

Aus gesundheits- und arbeitspolitischer Sicht ist zu klären, wie die Beschäftigungsfähigkeit potenzieller älterer Arbeitnehmer gesichert und gleichzeitig auch die Gesundheit im Übergang in den Ruhestand gefördert werden kann. Die *subjektive Gesundheit* stellt dabei das Bindeglied zwischen gesundheitspolitischen Zielen auf der einen Seite und sozial- bzw. arbeitspolitischen Zielen auf der anderen Seite dar (vgl. Kap. 4.1.2, Übergang in den Ruhestand). Inwiefern ältere Menschen trotz oder gerade aufgrund einer längeren Arbeitstätigkeit gesund bleiben, hängt wesentlich mit ihrer *subjektiven* Beurteilung des eigenen Gesundheitszustands zusammen (vgl. Abb. 10). Mit Hilfe der subjektiven Gesundheit lassen sich Längsschnittstudien zufolge funktionale Fähigkeiten, wie körperliche Aktivitäten und selbsterhaltende Tätigkeiten (z. B. Einkaufen, Abwaschen, Hygiene) und die Inanspruchnahme des Gesundheitssystems vorhersagen. Dies gilt auch dann, wenn der „tatsächliche" Gesundheitszustand kontrolliert wird. Zudem ist die Entscheidung, frühzeitig in den Ruhestand zu treten, stärker

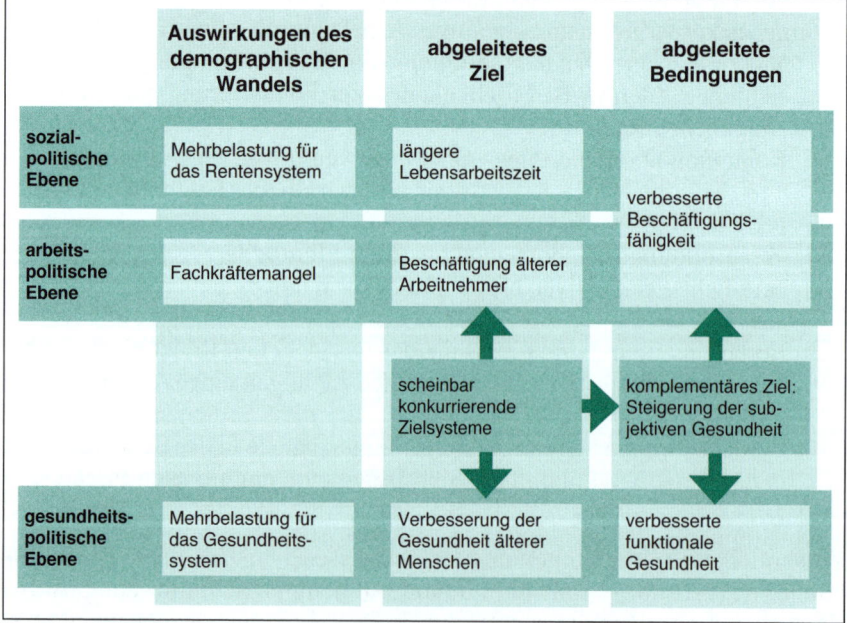

**Abbildung 10:**
Bedeutung der subjektiven Gesundheit im demographischen Wandel
(nach Liebermann & Wegge, 2010)

von der subjektiven Gesundheit abhängig als von finanziellen Variablen (McGarry, 2002; Peter & Hasselhorn, 2013). Wissenschaftliche Befunde weisen darauf hin, dass mit zunehmendem (hohen) Alter die subjektive Gesundheit stetig sinkt. Besonders für die kritische Lebensphase des Übergangs vom Arbeitsleben in den Ruhestand ist es deshalb wichtig, diese zu stärken.

Die Frage, inwiefern (Früh-)Verrentung beziehungsweise Weiterbeschäftigung generell positive oder negative Konsequenzen für die subjektive Gesundheit und das Gesundheitsverhalten der Person hat, kann jedoch nicht per se geklärt werden. Eine ganzheitliche Betrachtungsweise ist dringend notwendig, um zu erfassen, unter welchen Umständen Arbeitstätigkeit auch im Alter gesundheitsförderlich ist und wie die subjektive Gesundheit bis ins hohe Rentenalter aufrechterhalten werden kann. Außer Frage steht allerdings Folgendes: Wer möglichst lange etwas von seinen Beschäftigten haben möchte und wer sie auch nach Jahren und Jahrzehnten noch flexibel einsetzen will, der sollte ihnen Tätigkeiten ersparen, bei denen sie auf Dauer Fehlbeanspruchungen ausgesetzt sind. Die Arbeit sollte daher so gestaltet sein, dass sowohl vielfältig wechselnde Körperhaltungen und -bewegungen als auch vielfältig wechselnde kognitive Anforderungen zur Bewältigung der Arbeitsaufgabe notwendig sind. Während eine derart gestaltete Arbeit für Jüngere eher eine präventive Wirkung auf den Erhalt der Leistungsfähigkeit hat, wirkt sie bei Älteren als unmittelbare Intervention im Sinne einer Verbesserung der Leistungsfähigkeit. Grundsätzlich bedeutet eine alter(n)sgerechte Arbeitsgestaltung also auch eine menschengerechte Arbeitsgestaltung. Insofern sollte die Gestaltung von Arbeitsplätzen und -tätigkeiten keine Frage des Alters, sondern vielmehr eine der ökonomischen Vernunft und Weitsicht sein (vgl. Tab. 5 in Kap. 4.1; Falkenstein, 2013; Schlick, Frieling et al., 2013). Hierbei sind zahlreiche Ansatzpunkte vorhanden. Wir fokussieren im Folgenden auf drei Punkte: die Arbeitszeit- und Pausengestaltung, die Mensch-Rechner-Schnittstelle und Handlungsspielräume bei der Arbeit.

**Renteneintritt**

**Alter(n)sgerechte Gestaltung der Arbeit**

## *Arbeitszeit- und Pausengestaltung*

Ein „maßgeschneidertes" Arbeitszeitmodell vereint betriebliche Ziele, Wünsche der Mitarbeiter und arbeitswissenschaftliche Empfehlungen. Knauth et al. (2013) formuliert fünf Faktoren, die in diesem Sinne für alternde Belegschaften besonders relevant sind (vgl. Abb. 11).

Die diesbezüglichen Forschungsarbeiten zeigen allerdings, dass es *das* eine ideale Arbeitszeitmodell für die alternde Belegschaft nicht gibt, weil konkrete Arbeitszeitmodelle immer die Bedürfnisse der jeweiligen Arbeitnehmer berücksichtigen sollten. Allgemein sind hierzu folgende Erkenntnisse und Empfehlungen relevant.

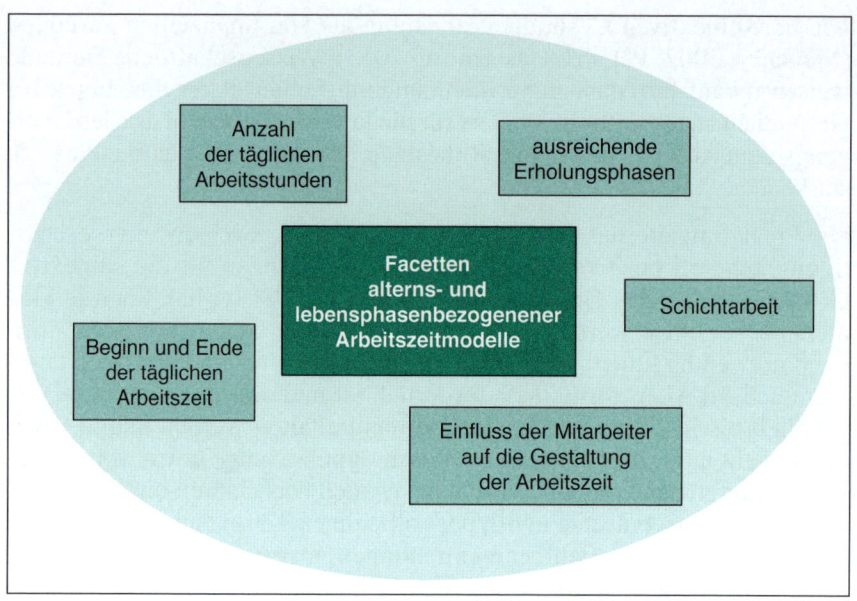

**Abbildung 11:**

Fünf Kernmerkmale der alter(n)sgerechten Arbeitszeitgestaltung (nach Knauth et al., 2013)

## Empfehlungen für die Arbeitszeitgestaltung

### Anzahl der täglichen Arbeitsstunden

Einheitliches Reduzieren der täglichen Arbeitszeit für alle älteren Arbeitnehmer ist nicht zu empfehlen, da die persönliche Gesundheit und die Arbeitsfähigkeit sehr stark zwischen Individuen in der Gruppe der älteren Arbeitnehmer variieren.

### Ausreichende Erholungsphasen während der Arbeit

Mit zunehmendem Alter verringern sich vor allem die Kapazität des Arbeitsgedächtnisses und die Informationsverarbeitungsgeschwindigkeit (vgl. Tab. 5). Ältere Arbeitnehmer müssen deshalb mehr mentale Anstrengung zur Aufgabenbewältigung aufbringen, die in einem erhöhten Ermüdungsniveau und verstärktem Erholungsbedürfnis am Arbeitsende mündet. Ältere Arbeitnehmer (insbesondere mit einer hohen Arbeitsbelastung) sollten daher zusätzliche und ggf. auch längere Pausenzeiten erhalten. Insbesondere Kurzpausen haben positive psychische (z. B. höheres subjektives Wohlbefinden, geringere erlebte Ermüdung) und auch physische Folgen (z. B. weniger Muskelbeschwerden, reduzierte Muskelaktivität, mehr Sauerstoff im Blut). Sie können ferner den Anteil „unproduktiver" Pausen an der Gesamtarbeitszeit als auch die Unfallwahrscheinlichkeit senken.

## Planung der Arbeitszeit/Schichtarbeit

Schichtpläne sollten unter Berücksichtigung der neusten ergonomischen Erkenntnisse gestaltet werden. Eine schnelle Vorwärtsrotation des Schichtwechsels wirkt sich vorteilhafter auf die Arbeitsfähigkeit aus als das traditionelle rückwärtsrotierende Schichtsystem, dem eine wöchentliche Rotation zugrunde liegt. Da die Nachtschicht die kritischste aller Schichten ist und durch sie Schlafqualität, Ermüdung, Leistungsfähigkeit und Gesundheit betroffen sind, wird empfohlen, die Anzahl der Nachtschichten pro Person und Jahr zu reduzieren. Die Personalstärke für die Nachtschicht kann reduziert werden, in dem bestimmte Aufgaben von der Nacht- in die Früh- und Mittagsschicht verlegt werden.

**Schichtarbeit ist in vorwärts rotierenden Schichtsystemen beanspruchungsgünstiger**

## Einfluss der Mitarbeiter auf die Gestaltung der Arbeitszeit

Arbeitszeitmodelle, die Arbeitnehmern erlauben, zwischen verschiedenen wöchentlichen oder jährlichen Arbeitsplänen im Verlauf ihres Arbeitslebens zu wechseln (Wahl der Arbeitszeit) sind nicht nur für ältere Arbeitnehmer sinnvoll, sondern sind auch für jüngere Arbeitnehmer interessant, die z. B. mehr Freizeit haben wollen. Vom ergonomischen Gesichtspunkt aus betrachtet, sind berufliche Auszeiten (z. B. das Nehmen eines Sabbatjahres) besser als die Modelle, in denen Arbeitnehmer viele Überstunden machen, um dann früher aus dem Berufsleben ausscheiden zu können, wenn ihre Gesundheit beeinträchtigt ist. Optionen in Langzeit-Zeitkonten einzuzahlen bzw. davon zurückzutreten, müssen den Bedürfnissen der Zielgruppe angepasst werden.

**Wahl der Arbeitszeit individualisieren**

## Anfang und Ende der täglichen Arbeitszeit

Die Frühschicht sollte nicht vor 06:00 Uhr morgens beginnen. Ein früherer Beginn wirkt sich negativ auf die Schlafqualität vor der Frühschicht aus und erhöht die Müdigkeit und Reaktionszeiten während der ersten Stunden der Schicht.

---

Das Thema der *Pausengestaltung* verdient hier noch einige vertiefende Hinweise. Obwohl die Reduktion und Vorbeugung arbeitsinduzierter physischer und psychischer Fehlbeanspruchungsfolgen durch organisierte Kurzpausensysteme seit mehr als hundert Jahren in der arbeitswissenschaftlichen Literatur beschrieben wird, entspricht die betriebliche Praxis nur selten den vorliegenden Empfehlungen. Zudem werden Pausen auch oft nicht genommen. Eine aktuelle Studie der Bundesanstalt für Arbeitsschutz und Arbeitsmedizin (BAuA) zeigt, dass ca. jeder vierte deutsche Arbeitnehmer seine gesetzlich vorgegebenen Pausen – vor allem aufgrund von Organisationsproblemen – ausfallen lässt! Eine Ursache für diese insgesamt suboptimale Situation – die für ältere Arbeitnehmer aufgrund des höheren Pausenbedarfs noch problematischer ist als für jüngere Arbeitnehmer – liegt nach u. E. darin, dass bisher

**Tabelle 7:**

Merkmale gut gestalteter Pausensysteme (nach Wendsche, in Vorb.)

| Merkmalsbereiche | | | |
|---|---|---|---|
| **1. Einhaltung gesetzlicher und normativer Mindestvoraussetzungen an Pausensysteme** | **2. Einhaltung von Organisationskriterien gut gestalteter Pausensysteme** | | **3. Betriebliche Organisation des Pausensystems** |
| | **2.1 Bewertung von Globalpausen (≥15 Minuten)** | **2.2 Bewertung von Kurzpausensystemen (<15 Minuten)** | |
| – Mindestpausenzeit<br>– Schicht-/Verkehrsbetriebe<br>– Tätigkeiten mit Behandlung/ Pflege/Betreuung<br>– Jugendarbeitsschutzgesetz<br>– Bildschirmarbeit<br>– Pausenraum<br>– Toiletten/Sanitärräume<br>– schwangere/ stillende Frauen<br>– Mitarbeitervertretung<br>– Umgebungsfaktoren<br>– betriebliche Bestimmungen | – Essen/Getränke<br>– natürliche Umgebung<br>– Farbgestaltung Pausenraum<br>– Entspannungsmöglichkeiten<br>– körperliche Aktivität<br>– soziale Interaktion<br>– Stimulanzien<br>– Verlassen des Arbeitsplatzes<br>– Pausenauslösung<br>– Kontrolle und Reglementierung ungünstiger Pausen<br>– Stabilität und Vorhersehbarkeit<br>– Abstimmung von Arbeitslast und Erholungszeit<br>– Vorbeugung von Unterbrechungen<br>– Raucherpausen<br>– Nachtarbeit | – Bezahlung<br>– Pausenlänge/ Pausenintervall<br>– Pausenauslösung<br>– Zusatzpausen (Minipausen)<br>– Anpassung an tagesphysiologische Leistungskurve<br>– Schichtarbeit<br>– Stabilität und Vorhersehbarkeit<br>– Abstimmung von Arbeitslast und Erholungszeit<br>– Vorbeugung von Unterbrechungen<br>– Kompensationsmöglichkeiten<br>– Aktivpausen<br>– Verlassen des Arbeitsplatzes | – Beurteilung physischer Belastungen<br>– Beurteilung psychischer Belastungen<br>– Besprechung der Funktionalität<br>– Prüfung der Funktionalität<br>– Neu-/Umgestaltung von Arbeitsplätzen<br>– innerbetriebliche Transparenz<br>– außerbetriebliche Transparenz<br>– Kontrolle von Pausenzeiten<br>– Erholungskultur<br>– Förderung der Erholungsfähigkeit |
| 12 Merkmale | 15 Merkmale | 12 Merkmale | 10 Merkmale |

**Beispiel:** *2.1.8 Verlassen des Arbeitsplatzes während Erholungspausen*
Der Arbeitgeber sorgt dafür, dass die Mitarbeiter während der Erholungszeit ihren Arbeitsplatz verlassen.
☐ **ja (günstig)** ☐ nein → GÜNSTIGE MERKMALE WERDEN PRO BEREICH AUFSUMMIERT

ein integratives Rahmenmodell zur Kurzpausenwirkung und -gestaltung fehlt. Daher ist es sehr zu begrüßen, dass Wendsche (in Vorb.) ein umfassendes, aber zugleich auch handhabbares *Pausencheck*-Verfahren entwickelt hat, das dem Anwender mit Blick auf 49 relevante Merkmale Hilfestellungen bei der Gestaltung seines Pausensystems liefert (vgl. Tab. 7 und Abb. 12).

Grundlage des Verfahrens sind u. a. die gesetzlichen Vorschriften, aber auch neuere Erkenntnisse zu den für die Erholungswirkung relevanten Merkma-

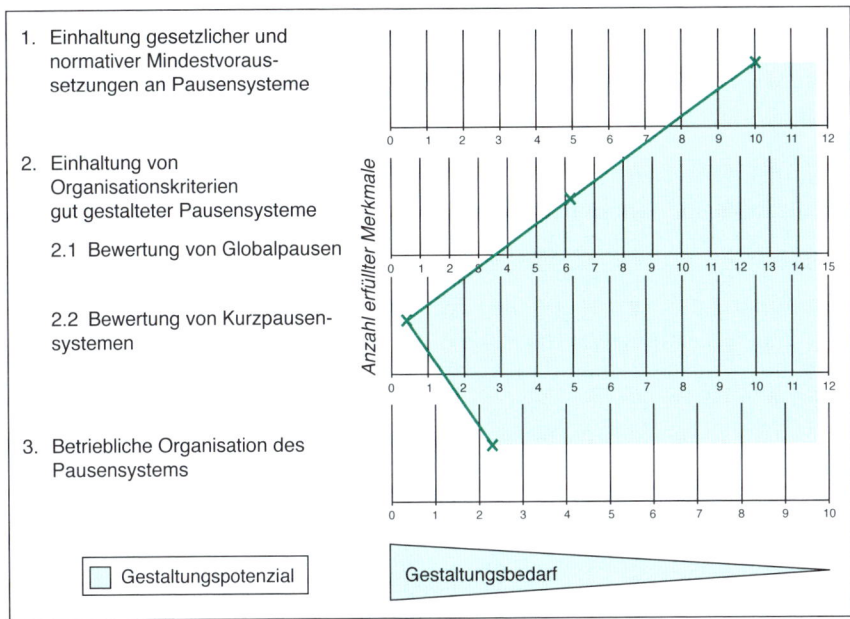

1. Einhaltung gesetzlicher und normativer Mindestvoraussetzungen an Pausensysteme

2. Einhaltung von Organisationskriterien gut gestalteter Pausensysteme

    2.1 Bewertung von Globalpausen

    2.2 Bewertung von Kurzpausensystemen

3. Betriebliche Organisation des Pausensystems

Anzahl erfüllter Merkmale

☐ Gestaltungspotenzial

Gestaltungsbedarf

**Abbildung 12:**

Beispielhafte Rückmeldung beim Einsatz des Pausen-Checksystems in Form eines Profildiagrammes (nach Wendsche, in Vorb.)

len von Kurzpausen (unter 15 Minuten) und gesetzlich vorgeschriebenen Pausen (diese sind mindestens 15 Minuten lang). Pro Bereich werden die vorhandenen Merkmale daraufhin überprüft, ob sie günstig sind (z. B.: für Bereich 2 „Verlassen des Arbeitsplatzes während der Erholungspausen": Der Arbeitgeber sorgt dafür, dass die Mitarbeiter während der Erholungszeit ihren Arbeitsplatz verlassen.). Die günstigen Merkmale werden dann pro Bereich aufsummiert. Je nach Konstellation dieser Merkmale können hinderliche oder förderliche Funktionswerte entstehen (vgl. Abb. 12). Sehr häufiges Pausieren kann z. B. den Unterbrechungscharakter von Pausen erhöhen und damit den Erholungswert reduzieren. Andererseits sind z. B. bei einem kürzeren Pauseninterval Motivationsgewinne zu erwarten. Zusätzlich sollte die Passung zwischen den Arbeitstätigkeitsbedingungen und Organisationsmerkmalen des Kurzpausensystems möglichst optimal sein. Um eine beanspruchungsoptimierende Wirkung durch Kurzpauseneinsatz zu erzielen, müssen förderliche gegenüber hinderlichen Funktionswerten von Pausen überwiegen. Nur bei einer positiven Bilanz wird das Pausensystem von den Beschäftigten akzeptiert, was sich dann auch in einer hohen Pausencompliance zeigen sollte.

Kurzpausen sind allerdings nur dann erfolgreich, wenn sowohl das Unternehmensmanagement als auch die Belegschaft das Pausensystem partizipativ beschlossen hat, dass die Pausen systematisch, regelmäßig und häufig (mindestens stündlich) durchgeführt werden und der Pauseninhalt kompensatorisch zu den Arbeitsanforderungen gewählt wird. Neben dem reinen Angebot von Erholungszeit sollte eine alter(n)sgerechte Pausengestaltung auch Empfehlungen für erholungsförderliche Pauseninhalte ableiten lassen. Demerouti, Bakker, Geurts und Taris (2009) differenzieren zwischen erholungsförderlichen Aktivitäten mit geringem Anstrengungspotenzial (Fernsehen schauen, Musik hören, nichts tun), Entspannung (z. B. Meditation), sozialen Aktivitäten (Gespräche mit Kollegen), physischen Aktivitäten (Sport, leichte körperliche Ausgleichsübungen, kurzer Spaziergang) und kreativen Aktivitäten (z. B. Hobbys). Diese Aktivitäten wirken unterschiedlich stark über zentrale Erholungserfahrungen wie Abschalten von der Arbeit, Entspannung, Mastererleben und Kontrollerleben (Sonnentag & Fritz, 2007). Alter(n)sgerecht gestaltete Pausen sollten deshalb sowohl Ruhemöglichkeiten (Musik hören, sich mal kurz hinsetzen können) in einer sicheren Atmosphäre als auch Möglichkeiten zur körperlichen Aktivität und zum sozialen Austausch bieten. Entsprechend der unterschiedlichen altersbezogenen physischen und psychischen Beanspruchung ist es deshalb unbedingt nötig, den Arbeitern Wahlmöglichkeiten zwischen verschiedenen Pauseninhalten zu bieten. Insbesondere die ermüdungsähnlichen arbeitsbedingten Fehlbeanspruchungsfolgen Monotonie und psychische Sättigung können in ihrer Entwicklung nur gestoppt oder reduziert werden, wenn der Pauseninhalt einen tatsächlichen Tätigkeitswechsel darstellt. Neben der Einführung von Kurzpausensystemen kann auch die alter(n)sgerechte Gestaltung von längeren Erholungsphasen, wie Mittagspausen, positive Effekte haben. Kollektive Pausen scheinen bei Arbeitstätigkeiten mit eher wenigen Kommunikationsmöglichkeiten zu einer stärkeren Erholung zu führen als allein verbrachte Pausen. Eine alter(n)sgerechte Pausengestaltung erfordert daher ggf. auch eine adäquate räumliche Gestaltung.

## *Mensch-Rechner-Schnittstellen*

Ein weiterer Ansatzpunkt einer alter(n)sgerechten Arbeitsgestaltung betrifft die Mensch-Rechner-Schnittstelle. Aus den Daten zu den Arbeitsbedingungen in Europa geht hervor, dass es inzwischen in 80 % aller Betriebe Bildschirmarbeitsplätze gibt und 40 % der Beschäftigten große Teile ihrer Arbeitszeit am Computer erledigen, also zumeist sitzend vor dem Bildschirm. Da die Computernutzung am Arbeitsplatz durch Ältere in den letzten Jahren nur noch knapp unter dem Durchschnitt liegt, sind die Folgen von Bildschirmarbeit für die Beschäftigten auch unter dem Gesichtspunkt des alter(n)sgerechten Arbeitens zu berücksichtigen. So wird ein Anstieg der Muskel-Skelett-Erkrankungen beobachtet, der auf die überwiegend sitzende Tätigkeit am Bildschirm zurückgeführt werden kann. Die immer höher werdende Vernetzung zwischen Rechnern, Daten und Informationen hat zur Folge, dass das Sitzen immer weniger durch Bewegung unterbrochen wird, was zur einseitigen Belastung des Muskel-Skelett-Apparates führt. Über 30 % der Beschäftigten, die eine Tätigkeit am Bildschirm ausüben, geben an, dass sie an Augenbeschwerden leiden. Diesen Fehlbelastungen kann mit Hilfe von Bewegungsanreizen am Arbeitsplatz, durch Ausdauer- und Bewegungstraining und durch besser gestaltete Bildschirme und Bürostühle entgegengewirkt werden. Die Notwendigkeit solcher Maßnahmen leitet sich nicht zuletzt aus der Beobachtung ab, dass durchschnittlich etwa 80 bis 85 % des Arbeitstages im Sitzen verbracht werden.

Schneider et al. (2008) untersuchten die Wirkungen verschiedener Schriftgrößen sowie Darstellungsvarianten von Netzplänen auf das Leistungsverhalten von Benutzern unterschiedlichen Alters. Bei beiden Adaptionsdimensionen traten altersspezifische Leistungsveränderungen auf, d. h. die älteren Probanden benötigten signifikant mehr Zeit und machten mehr Fehler bzw. memorierten weniger Sequenzen als die jüngeren Probanden. Die untersuchten Adaptionsdimensionen zeigten jedoch bei allen Altersgruppen Leistungseffekte. Bezüglich der Anpassung der Schriftgröße scheint die standardmäßig voreingestellte Schriftgröße von 12 Punkt für jüngere wie auch für ältere Computernutzer geeignet. Bei der Gestaltung von Netzplänen hat sich gezeigt, dass bezüglich der Spreizung und der Orientierung der Netzpläne ältere und jüngere Benutzer kein unterschiedliches Design benötigen, sondern ein „Design-for-all"-Ansatz angewendet werden kann. Die Gestaltung der Netzpläne sollte nicht alters-, sondern vielmehr aufgabenabhängig erfolgen. Des Weiteren konnte festgestellt werden, dass ältere Benutzer durch geeignete Unterstützung (z. B. durch entsprechende Spreizung) auch das (höhere) Leistungsniveau jüngerer (ohne Spreizung) erreichen.

Software-ergonomische Gestaltung

Schlick et al. (2013) fanden in nachfolgenden Untersuchungen, dass eine graphische Zoomfunktion beim computerunterstützten Projektmanagement (CAPM) die Gestaltungsvariante mit dem geringsten mentalen Aufwand und auch der geringsten Fehlerquote über alle Altersgruppen hinweg war. Außerdem zeigte sich, dass alle Altersgruppen mithilfe des *Touchscreens* weitaus schneller arbeiten konnten als mit den Eingabegeräten Maus oder Eye-Gaze-System (ein durch Augenbewegung kontrolliertes Eingabegerät). Ältere konnten, obgleich ihnen dieses Gerät meist noch unbekannt war, mit dem Eye-Gaze-System auch deutlich schneller arbeiten als mit der Maus. Diese Untersuchung zeigt demnach, dass auch Bildschirmarbeitsplätze alter(n)sgerecht gestaltet werden können.

Varianten von Eingabegeräten

Die positiven Effekte ergonomisch gut gestalteter Arbeitsmittel sind – das zeigen die Befunde von Fritzsche, Wegge, Schmauder, Kliegel und Schmidt (2014) – auch bei der Arbeit in Produktionsgruppen zu finden. Zudem zeigte sich in dieser Studie, das diese Effekte in *additiver Weise* mit einer guten Gruppenzusammensetzung auf die Leistung (Fehler bei der Arbeit) und die Gesundheit der Teammitglieder (Fehlzeiten) wirkte. Dies belegt, dass Ansätze des Diversity Managements mit konkreten Arbeitsgestaltungsmaßnahmen *kombiniert* werden können und sollten.

## Autonomie bei der Arbeit

Müller, Weigl et al. (2013) haben kürzlich untersucht, ob sich die Arbeitsfähigkeit von Pflegekräften durch mehr individuelle Handlungsspielräume
verbessern lässt, da die Arbeitsfähigkeit von Pflegekräften durch die starke
physische und psychische Belastung ihres Berufes bereits deutlich vor
dem Erreichen des gesetzlichen Rentenalters beeinträchtigt ist. Als Grundlage dieser Studie diente den Forschern das SOK-Modell von Baltes und
Baltes (1989), welches besagt, dass Ältere ihr Leistungsvermögen durch
Selektion, Optimierung und Kompensation auf einem gewünschten Ni-
veau halten können (vgl. Kap. 2.3). Die Ergebnisse der Studie sind ein
Beleg dafür, dass die Arbeitsfähigkeit von Pflegekräften abnimmt, je älter
sie werden und je länger sie unter den belastenden Bedingungen ihres Berufes arbeiten. Sie sind allerdings auch in der Lage, diesen Leistungsabfall
zu kompensieren. Dazu benötigen sie mehr individuelle Handlungsmög-
lichkeiten, etwa durch Priorisierung von Aufgaben, aber auch regelmäßi-
ges Rückentraining oder technische Hilfsmittel. Pflegekräfte können ihre
Arbeitsfähigkeit also trotz körperlicher Funktionseinschränkungen umso
besser erhalten, je mehr Autonomie ihnen zuteil wird (vgl. hierzu auch
Kapitel 3.3).

### 4.1.6 Handlungsfeld Veränderung der „Wahrnehmung von Diversität"

In der Praxis wird häufig die Meinung vertreten, dass man die Gruppenzusammensetzung nur sehr langsam oder gar nicht verändern kann, weil man
gewachsene Gruppen hat, die wegen zahlreicher Gründe (Qualifikation, Ent-
gelt, Verträge etc.) nicht einfach auseinanderdividiert und neu komponiert
werden können. Bedeutet dies, dass man hier Diversity auch nicht ändern
kann? Weit gefehlt! Es geht ja – wie in den Theorien zur Gruppenzusammensetzung (vgl. Kap. 2.2) erklärt wird – nicht allein um „objektive" Diversität,
sondern häufig darum, wie sich die Mitglieder eines Teams wahrnehmen. In
Tabelle 8 sind daher einige Techniken benannt, die in der relevanten Literatur zum Problem der Beeinflussung *nicht* neu komponierbarer Gruppen
empfohlen werden (z. B. Stumpf & Thomas, 2000, S. 418–419; Wegge,
2003). Hierbei werden die beiden zentralen Teilprobleme eines erfolgreichen Heterogenitätsmanagements – dass es entweder *zu viel* oder *zu wenig*
Heterogenität mit Blick auf bestimmte Merkmale (z. B. Kulturzugehörigkeit,
Geschlecht, Alter, Abteilungszugehörigkeit etc.) in der aktuellen Gruppen
gibt – gesondert hervorgehoben. Zudem wird eine Zuordnung von Interventionen danach vorgenommen, ob Veränderungen von Selbstkategorisierungsprozessen (zweiter Weg) oder Variationen anderer Gruppenprozesse (dritter Weg, vgl. Abb. 2 auf S. 20) im Mittelpunkt stehen. Diese Zuordnung ist
selbstverständlich eher heuristischer Art, weil jede Intervention über beide

Wege wirken kann. Die faire, partizipative Vereinbarung von Gruppenzielen fördert z. B. gleichzeitig die Übereinstimmung der Ziele in der Gruppe und die Höhe der Zielbindung, sie erhöht aber oft auch die Identifikation mit der Gruppe (Wegge, 2014).

**Tabelle 8:**
Übersicht möglicher Interventionen bei zu geringer oder zu hoher Heterogenität in *nicht* neu komponierbaren Arbeitsgruppen

| | Veränderung der Selbstkategorisierung | Veränderung anderer Gruppenprozesse |
|---|---|---|
| **zu geringe Heterogenität** | – De-Kategorisierung<br>– Intra-Gruppen-Wettbewerb<br>– Partnerarbeit oder Arbeit in Kleingruppen | – Advocatus Diaboli<br>– Rotation der Moderation<br>– kognitive Konflikte in der Gruppe verstärken |
| **zu hohe Heterogenität** | – Re-Kategorisierung<br>– Benchmarking (outgroup)<br>– Formulierung einer gemeinsamen Mission (Vision) | – Zeit für Kennenlernen<br>– Kultur-Trainings<br>– partizipative Zielvereinbarung<br>– Förderung von Reflexivität |

Es sei hervorgehoben, dass die erfolgreiche Anwendung der einzelnen Techniken im Rahmen von Teamentwicklungsprozessen ohne Frage eine eigene Kunst ist. Folgender Hinweis ist hier angebracht: In der Rubrik „Veränderung der Selbstkategorisierung" sind zwei Fachbegriffe aufgeführt, die nicht sofort verständlich sein dürften.

Unter *De-Kategorisierung* versteht man alle Strategien, die dazu führen, dass unverwechselbare, einzigartig Merkmale einer Person salient werden, sodass die Gruppenmitglieder sich eher als einzigartige Individuen und nicht mehr als Mitglieder einer bestimmten Subgruppe (z. B. Männer) verstehen. Dies kann z. B. durch eine Übung erreicht werden, in der Personen mehrere Merkmale von sich selbst aufschreiben („Ich bin …"; siehe Haslam, 2004) oder mitteilen.

Das Wort *Re-Kategorisierung* steht hingegen für solche Techniken, die dazu führen, dass man sich als Mitglied der gemeinsamen Gruppe versteht, sodass die Zugehörigkeit zu einer bestimmten Subgruppe (z. B. Frauen) in den Hintergrund tritt. Dies kann z. B. durch das gemeinsame Vereinbaren von Zielen (Normen) unterstützt werden. Auch das Erinnern bzw. Erzählen von Geschichten aus der gemeinsamen Vergangenheit der Gruppe und das Ausmalen einer Bedrohung durch (ungeliebte) Fremdgruppen kann dies befördern. Weil ein zu starkes (übertriebenes) Betonen der Gemeinsamkeiten in einer Gruppe auch negative Auswirkungen haben kann, wenn damit das Bedürfnis geweckt wird, seine Besonderheit gegenüber anderen Subgruppen zu zeigen, empfehlen Haslam, Eggins & Reynolds (2003), dass es oft besser ist, zunächst die Unterschiede innerhalb einer Gruppe anzuerkennen, bevor man versucht, eine neue übergeordnete Identität zu finden bzw. salient zu machen, die der Gruppe die gemeinsame Arbeit erleichtern soll. Dass es darüber hinaus sehr sinnvoll sein kann, Strategien der Kreuz-Kategorisierung bei der Zusammensetzung von Gruppen zu beachten (z. B. je einen Mann und eine Frau aus zwei verschiedenen Abteilungen zu wählen, damit die Abteilungs- und Geschlechtszugehörigkeit unabhängig voneinander sind), wird ebenfalls durch die neuere Forschung zu Faultlines belegt (siehe Kap. 1.1.4).

Bei der Rubrik „Veränderung anderer Gruppenprozesse" wird u. a. darauf hingewiesen, dass es günstig sein kann, kognitive Konflikte in Gruppen zu verstärken. Dies könnte bei unveränderbarer Gruppenzusammensetzung z. B. auch dadurch erreicht werden, dass man externe Gäste bzw. Experten zur Beratung hinzuzieht oder (als Führungskraft) widersprüchliches Material mitbringt bzw. suchen lässt. Diese Strategie ist mit der Nutzung einer wechselnden Moderation und eines Advocatus Diaboli („Worst-case"-Spezialisten) daher durchaus verwandt, aber nicht gleichzusetzen.

## 4.2 Was funktioniert in Klein- und Kleinstbetrieben?

Altersstrukturanalysen und Demographie-Analysen des Standorts werfen in der Regel vielfältige und komplexe Fragen auf, deren sachgerechte Bearbeitung beträchtliche zeitliche und personelle Ressourcen bindet. Diese Ressourcen stehen insbesondere Klein- und auch Mittelbetrieben nicht in dem notwendigen Ausmaß zur Verfügung, da hier zahlreiche Führungsaufgaben in einer Hand liegen und nicht delegiert werden können. Die mit dem demographischen Wandel in Zusammenhang stehenden Aufgaben verstärken diese Problematik der *Überlastung der Führungskräfte*. Die strategische Kooperation mit anderen Unternehmen, die vergleichbare Ressourcenengpässe teilen, könnte ein Ansatz sein, die betrieblichen Herausforderungen des demographischen Wandels gemeinsam und arbeitsteilig zu bewältigen (vgl. Kap. 3.4). Langhoff (2009) hat eine Reihe von inhaltlichen Schwerpunkten und Handlungsfeldern identifiziert, die von einer kooperativen Bearbeitung in mehreren (kleinen) Unternehmen profitieren dürften (vgl. folgender Kasten).

---

### Handlungsfelder für Personalstrategien in Klein- und Kleinstbetrieben

– **Rekrutierung:**
  • gemeinsame Kontaktaufnahme und Präsentation in Schulen zur Gewinnung von Auszubildenden,
  • kooperative Erarbeitung von Rekrutierungsstrategien für spezifische Zielgruppen (z. B. Frauen, Migranten, Ältere etc.),

- **Qualifizierung:**
  - kooperative Qualifizierung von An- und Ungelernten,
  - gemeinsame Weiterbildung von Fachkräften,
- **Demographie-Analyse des Standorts:**
  - kooperative Analyse regionaler/lokaler Strukturdaten (z. B. Schul-abgänger, Migrantenanteil, Erwerbsquote Frauen, Arbeitslosen-quote, Arbeitskräftewanderungen, Kundenstruktur),
- **Kinder- und Seniorenbetreuung:**
  - kooperative Finanzierung und Einrichtung einer Kita,
  - kooperative Finanzierung eines Sozialberaters für die Pflege Ange-höriger,
- **Gesundheitsmanagement:**
  - gemeinsame Einstellung eines Betriebsarztes mit besonderer Kom-petenz für alternde Belegschaften und Leistungsgewandelte.

Wie Langhoff (2009) allerdings feststellt, lassen sich bisher nur wenige Bei-spiele für Unternehmenskooperationen im demographischen Wandel finden. Dies dürfte allerdings wenig überraschen, da viele Klein- und Mittelbetriebe sich immer noch nicht intensiv mit der Problematik des demographischen Wandels beschäftigt haben bzw. diese Problematik auf den Aspekt altern-der Belegschaften reduzieren. Müller, Klinger, Curth, Stracke, Reinke und Nerdinger (2013) haben demographierelevante Aspekte der Personalarbeit in über 505 kleinen und mittleren Unternehmen (KMU) der Gesundheits-wirtschaft und der maritimen Wirtschaft in Norddeutschland analysiert. Hier zeigt sich u. a., dass auch KMU inzwischen das Problem wahrnehmen, aber in letzter Konsequenz bisher kaum angehen. Umfassende Sammlungen von „Best-Practice"-Beispielen auch für KMU, die hierbei hilfreich sein kön-nen, sind verfügbar (vgl. z. B. Prognos, 2012, oder die Hinweise zum ddn in Kap. 3.4).

## 4.3  Mögliche Probleme

Sowohl Empirie als auch Theorie sprechen dafür, dass Manager eine enorm komplexe Aufgabe zu bewältigen haben, wenn sie Diversity Management in Organisationen erfolgreich einführen, begleiten und kontrollieren wol-len. Häufig wird z. B. die Nutzung altersgemischter Teams als relativ „bil-lige" Lösung der demographischen Probleme in den Betrieben empfohlen. Es wäre zwar sehr schön, wenn die unmittelbare Zusammenarbeit von Jung und Alt in einer Arbeitsgruppe zu einer produktiven und für alle Beteilig-ten angenehmen Bearbeitung von Aufgaben führen würde. Die Realität – vertraut man den weltweit publizierten Ergebnissen aus methodisch an-spruchsvollen Studien – sieht aber anders aus, weil mögliche Nachteile altersgemischter Teamarbeit empirisch deutlich häufiger zu finden sind als die Vorteile (siehe oben). Die erfolgreiche Nutzung altersgemischter Teams erfordert spezifische arbeitsorganisatorische Maßnahmen und ein besonderes Management dieser Gruppen, wobei die Trainingsforschung belegt, dass diese idealerweise Teil einer umfassenden organisatorischen diversitätsbezogenen Strategie sein sollte. Für andere Merkmale, wie Geschlecht, Ausbildung, Dauer der Betriebszugehörigkeit, Nationalität, sind die Faktoren und Kontextbedingungen, die zu beachten wären, aber andere, sodass hier ein Dilemma besteht. Welches „Vielfaltsmerkmal" besonders viel Aufmerksamkeit benötigt und vorrangig zu managen ist, kann nur *strategisch* beantwortet werden.

Vereinfachungs-
illusionen
widerstehen Manager müssen die oben geschilderte Befundlage genau kennen und den verlockenden Versprechungen mancher Berater widerstehen, die sich leider oft dadurch auszeichnen, dass sie die Unterschiede bei den Attributen der Vielfalt und die so wichtigen Randbedingungen der produktiven Nutzung von Diversität in Organisationen schlichtweg übersehen. Auch die Einsicht, dass bestimmte Gruppenstrukturen in einem Bereich (z. B. Produktion) gut funktionieren in einem anderen Bereich (z. B. Vertrieb) kontraproduktiv sind, sollte beachtet werden. Ein effizientes Management der Vielfalt in Organisationen erfordert ferner das Bewusstsein, dass es hier um ein Mehr-Ebenen-Phänomen geht, das eine regelmäßige, breite Analyse von Diversität in Teams, Abteilungen und in der gesamten Organisation sowie ggf. auch bei den Kunden benötigt. Manager müssen sich ferner kontinuierlich fortbilden, weil die diesbezügliche Forschung noch in den Kinderschuhen steckt und weil sie neue Erkenntnisse sonst leicht übersehen. Wir hoffen, dass unser Band hier Hilfestellung bietet, insbesondere mit Blick auf die Zusammenarbeit von Jung und Alt.

# 5 Fallbeispiel: Führungskräftetraining „Altersheterogenität im Team als Ressource erkennen und nutzen"

Angesichts der vielfältigen Befunde, die das ADIGU-Modell (vgl. Kap. 2.4) stützen, wurde ein darauf aufbauendes Training für Führungskräfte entwickelt und erprobt (Jungmann et al., in revision). Das Training „Altersheterogenität im Team als Ressource erkennen und nutzen" richtet sich an Führungskräfte, da vor allem deren Einstellung und Verhalten einen wichtigen Einfluss auf die Arbeitsfähigkeit älterer Mitarbeiter haben (vgl. Kap. 3.2 und 3.3). Es zielt darauf ab, ein positives Bewusstsein für Altersdiversität zu schaffen, Altersstereotype und Diskriminierung zu reduzieren sowie das Verhalten entsprechend zu ändern. Die folgenden Abschnitte zeigen den Aufbau und die Realisierung des Trainings.

Das zweitägige Training beinhaltet zwei Module (vgl. Tab. 9 für einen Überblick zum zeitlichen Ablauf). Etwa 3 bis 4 Monate später findet ein darauf aufbauender halbtägiger Transferworkshop statt. Diese Bausteine werden nachfolgend erläutert. Die folgenden Beschreibungen enthalten zudem auch spezifische Literaturangaben, die für die Entwicklung der jeweils relevanten Trainingsbausteine besonders hilfreich waren. Der Leser findet in diesem Buch einige neuere Literaturangaben, die als Ergänzung genutzt werden können. Es werden folgende Symbole zur Kennzeichnung häufig wiederkehrender Elemente in der Trainingsdarstellung verwendet:

Ziel,

Visualisierung,

Gruppenarbeit,

Formulierungsvorschlag,

Literaturempfehlungen.

Zeitlicher Ablauf des Trainings „Altersheterogenität im Team
als Ressource erkennen und nutzen"

| | Zeit | Thema/Inhalt |
|---|---|---|
| **Tag 1 (Trainingsmodul I + II)** | 09:30–10:25 | Begrüßung und Einstieg in das Training |
| | 10:25–11:05 | Sensibilisierung für Heterogenität |
| | 11:05–11:20 | Kaffeepause |
| | 11:20–12:05 | Sensibilisierung für Heterogenität als Ressource |
| | 12:05–13:00 | Mittagspause |
| | 13:00–13:50 | Sensibilisierung für förderliche und hinderliche Rahmenbedingungen |
| | 13:50–14:05 | Kaffeepause |
| | 14:05–14:45 | Alter(n)sgerechtes Führen I |
| | 14:45–15:00 | Kaffeepause |
| | 15:00–16:00 | Alter(n)sgerechtes Führen II |
| | 16:00–16:05 | Verabschiedung |
| **Tag 2 (Trainingsmodul II)** | 09:30–09:35 | Begrüßung |
| | 09:35–11:20 | Altersstereotype abbauen I |
| | 11:20–11:35 | Kaffeepause |
| | 11:35–12:25 | Altersstereotype abbauen II |
| | 12:25–13:20 | Mittagspause |
| | 13:20–14:55 | Wertschätzung von Altersheterogenität steigern I |
| | 14:55–15:10 | Kaffeepause |
| | 15:10–16:00 | Wertschätzung von Altersheterogenität steigern II |
| | 16:00–16:10 | Feedback, Verabschiedung |

## 5.1 Trainingsmodul I: Altersheterogenität als Ressource erkennen

Nach einem Einstieg (Begrüßung) in das Training ist das Ziel im ersten Trainingsmodul die Sensibilisierung der Teilnehmer für das Thema des demographischen Wandels und der daraus resultierenden Heterogenität in den Arbeitsgruppen. Zum Abschluss und als Übergang zum zweiten Modul werden Rahmenbedingungen betrachtet, die sich sowohl positiv als auch negativ auf die Alterskonstellation im Team auswirken können.

### 5.1.1 Einstieg in das Training

Die Trainingsteilnehmer werden zunächst durch die Trainer zum Training begrüßt. Nachdem das *Ziel des Trainings* erläutert wurde, folgt eine *kurze Vorstellungsrunde* aller Teilnehmer und der Trainer (Name, Alter, beruflicher Hintergrund). Anschließend wird den Teilnehmern die Agenda für das Training vorgestellt und ein Überblick über die Themen und einzelnen Trainingsbausteine gegeben. Sofern *organisatorische Aspekte* zu besprechen sind, sollte dies in diesem Block erfolgen.

Wenn eine *Evaluierung des Trainings* erwünscht ist, sollten am Ende dieses Blocks die Verteilung und das Ausfüllen von Evaluierungsfragebögen erfolgen. Auf diese Weise erhält man unmittelbar vor dem Training den Status Quo der Trainingsteilnehmer und kann diese Ergebnisse mit einer oder zwei Nachmessungen (einige Wochen bzw. Monate nach dem Training) desselben Fragebogens vergleichen. Wenn eine Evaluierung nicht erwünscht ist, verkürzt sich der Begrüßungsblock um die entsprechende Zeit.

> **Formulierungsvorschlag für die Vorstellung von Ziel und Aufbau des Trainings:**
>
> „In diesen zwei Tagen werden wir uns gemeinsam mit dem Thema Heterogenität auseinandersetzen. Dabei wird es in erster Linie um die Altersheterogenität gehen, auch wenn einzelne Inhalte sicherlich auch auf andere Heterogenitätsmerkmale wie Geschlecht oder beruflicher Hintergrund übertragen werden können. Ziel dieses Trainings soll es sein, dass Sie als Führungskräfte Probleme, aber auch Vorteile, die mit der Altersheterogenität einhergehen, sicher erkennen können. Darüber hinaus möchten wir Sie darin unterstützen, alltagstaugliche Strategien zu entwickeln, diese Probleme zu beseitigen bzw. die Vorteile nutzbar zu machen. Insgesamt soll das Training Ihnen eine Hilfe sein, altersgemischte Teams effektiv führen zu können.

Um dieses Ziel zu erreichen, werden wir uns heute Vormittag mit dem Begriff der Altersheterogenität und seinen Konsequenzen für das Team beschäftigen. Nach dem Mittagessen werden wir uns mit der Frage beschäftigen, welche Faktoren die Nutzung von Altersheterogenität als Ressource beeinflussen. Hierbei stützen wir uns auf die Ergebnisse breit angelegter wissenschaftlicher Studien. Aus diesen Ergebnissen lassen sich drei wesentliche Bereiche ableiten, auf die Sie als Führungskraft einwirken können. Diese drei Bereiche sind alter(n)sgerechtes Führen, Altersvorurteile und Wertschätzung für Altersheterogenität. Bei allen drei Bereichen wird es zunächst darum gehen, sich mit dem Begriff und seiner Definition auseinanderzusetzen, anschließend wollen wir mit Ihnen überlegen, wie Sie erkennen können, inwieweit in Ihren Teams Probleme in diesen Bereichen vorliegen und abschließend diskutieren, welche Möglichkeiten Sie haben, diese Probleme zu lösen."

### 5.1.2 Sensibilisierung für Heterogenität

**Ziele:** Die Trainingsteilnehmer sollen ein Gefühl dafür bekommen, was Heterogenität bedeutet und auf welche Merkmale sie sich beziehen kann. Sie sollen erkennen, dass die *Altersheterogenität* bei der Teamzusammensetzung eine besondere Rolle spielt, da (1) insbesondere vom Alter als Surface-Merkmal automatisch Rückschlüsse auf arbeitsrelevante Deep-Level-Merkmale gemacht werden und (2) der demographische Wandel zu einer signifikanten Veränderung in der Teamzusammensetzung in den kommenden Jahren führen wird.

Der Block beginnt mit einer Erläuterung des Begriffs Heterogenität. Hierfür wird eine kurze *Definition von Heterogenität* an das Flipchart geschrieben. Anschließend wird erklärt, dass sich Heterogenität auf viele verschiedene Merkmale beziehen kann, die man auf zwei Ebenen ansiedeln kann – der *Surface-* und der *Deep-Level-Ebene*, d. h. der äußeren, unmittelbar beobachtbaren Ebene und der erst mittelbar über Verhalten und Interaktionen erschließbaren Ebene. Die Teilnehmer sollen dann im Plenum überlegen, welche Surface- bzw. Deep-Level-Merkmale ihnen einfallen. Die Antworten werden entsprechend auf dem Flipchart notiert.

Anschließend werden einige *Hintergrundinformationen zum demographischen Wandel* gegeben und anhand von Daten aus den Unternehmen der jeweiligen Trainingsteilnehmer praktisch veranschaulicht. Es empfiehlt sich daher, bereits im Vorfeld des Trainings die Altersverteilung in den Unternehmen der Teilnehmer zu erfragen.

**Formulierungsvorschlag für die Definition von Heterogenität:**

„Stellen wir uns zunächst die Frage, was Heterogenität bedeutet. Denn obwohl der Begriff in den Medien ständig fällt, machen sich die wenigsten Gedanken darüber, was damit genau gemeint ist. [Frage an das Plenum:] Was verstehen Sie unter diesem Begriff?

Wir können festhalten, dass Heterogenität Unterschiede hinsichtlich verschiedener Merkmale und Eigenschaften zwischen den Teammitgliedern bezeichnet. [Verweis auf die Definition auf dem Flipchart]

Menschen bzw. Teammitglieder können sich hierbei in einer Vielzahl von Merkmalen unterscheiden. Man kann sie grob in zwei Klassen oder Ebenen teilen: die Surface-Level- und die Deep-Level-Merkmale. [Verweis auf die angeschriebenen Ebenen auf dem Flipchart]

Merkmale auf dem Surface-Level sind oberflächlich und direkt beobachtbar, wenn man der Person gegenübersteht. Merkmale auf dem Deep-Level dagegen sind nicht direkt ersichtlich, sondern können erst dann erkannt werden, wenn man sich mit der Person auseinandersetzt, mit ihr spricht oder von Dritten mehr Informationen zu dieser Person erhält. Lassen Sie uns einmal sammeln, welche Merkmale zum Surface- und welche zum Deep-Level gehören. [Sammeln von Merkmalen und Aufschreiben auf dem Flipchart unter den Punkten Surface- und Deep-Level-Merkmale]

Ein Team kann also hinsichtlich vieler Merkmale heterogen sein. Aufgrund des demographischen Wandels kommt der Altersheterogenität sicherlich eine besondere Bedeutung zu. Wie Sie den Medien bestimmt entnommen haben, bezieht sich der demographische Wandel auf ein Altern unserer Gesellschaft. Die Ursachen hierfür sind zum einen in einer sinkenden Geburtenrate, zum anderen in einer höheren Lebenserwartung zu sehen.

Diese Entwicklung bedingt, dass die Erwerbsbevölkerung immer mehr altert und in Zukunft weniger Fachkräfte zur Verfügung stehen. Um dem entgegenzuwirken, sieht die Politik Maßnahmen des früheren Berufseinstiegs und des späteren Berufsausstiegs vor. Dies wiederum bedingt, dass die Altersunterschiede in den Unternehmen und demzufolge auch in Teams immer größer werden, da in Zukunft immer jüngere mit immer älteren Personen zusammenarbeiten müssen. Diese Entwicklungen zeigen sich bereits heute. [Verweis auf die Altersverteilung in den Unternehmen der Trainingsteilnehmer]“

Rückschlüsse auf Deep-Level-Merkmale werden häufig von Surface-Level-Merkmalen wie Alter und Geschlecht gezogen. Wie das konkret aussieht, soll am Beispiel Alter besprochen werden (vgl. Abb. 13). So gehen mit dem

Alter bestimmte Veränderungen u. a. hinsichtlich Gesundheit, Lernfähigkeit oder Veränderungsbereitschaft einher, d. h. anhand des Alters sind Rückschlüsse auf die Fähigkeiten der Person in den genannten Bereichen möglich. Es sollte betont werden, dass die hier dargestellten Informationen empirisch fundiert sind (im Gegensatz zu häufig inkorrekten Altersvorurteilen, die am nächsten Tag besprochen werden).

**Definition der Diversität**

Unterschiede zwischen den Teammitgliedern hinsichtlich verschiedener Merkmale („Vielfalt")

**SURFACE-LEVEL-MERKMALE:**

— Hautfarbe

— Geschlecht

— Gepflegtheit

— Bewegungsablauf

— Alter

— Ausstrahlung (z. B. Mimik)

— Gesundheit

**DEEP-LEVEL-MERKMALE:**

— Intelligenz

— Aufgeschlossenheit

— Persönlichkeitsmerkmale, z. B. Zuverlässigkeit, Teamfähigkeit

— Gesundheit

**Abbildung 13:**
Visualisierung von Surface- und Deep-Level-Merkmalen

Die Teilnehmer sollen ein *Fazit* dieses Blocks formulieren, welches festgehalten wird. Im Laufe des Trainings wird auf einem Metaplan-Wandpapier für jeden weiteren Block ein Fazit hinzugefügt, sodass dieses Metaplan-Wandpapier am Ende des Trainings alle wesentlichen Informationen des Trainings als Zusammenfassung enthält (vgl. Abb. 14). Wichtig ist, dass die Formulierung von den Teilnehmern selbst stammt. Das Fazit dieses Blocks sollte darauf hinauslaufen, dass sich Heterogenität auf verschiedene Surface- und Deep-Level-Merkmale beziehen kann und dass beide Ebenen voneinander abhängig sind.

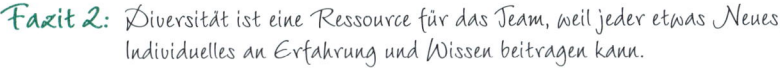

*Diversität als Ressource*

*Fazit 1:* Diversität bezieht sich auf zwei Merkmalsdimensionen (Surface- und Deep-Level), die voneinander abhängig sind.

*Fazit 2:* Diversität ist eine Ressource für das Team, weil jeder etwas Neues, Individuelles an Erfahrung und Wissen beitragen kann.

**Abbildung 14:**
Visualisierung der Fazit-Sätze der Teilnehmer (Ausschnitt)

*Literaturempfehlungen:* Für diesen Abschnitt des Trainings empfehlen wir die Lektüre von Harrison, Price und Bell (1998) sowie die der Schriften des Statistischen Bundesamtes (2011, 2012).

## 5.1.3 Sensibilisierung für Heterogenität als Ressource

**Ziel:** Die Teilnehmer sollen die Vorteile erkennen, die Altersheterogenität in einem Team mit sich bringen kann.

Die Teilnehmer sollen an dieser Stelle das Modell der Informationsverarbeitung und Entscheidungsfindung in Gruppen kennenlernen, um die Vorteile von Altersheterogenität zu erkennen. Aufbauend auf der Beziehung zwischen Surface- und Deep-Level-Merkmalen soll verdeutlicht werden, dass jedes Teammitglied aufgrund seines Alters unterschiedliche Fähigkeiten und Kompetenzen mitbringt, beispielsweise dass Ältere mehr soziale Kompetenzen aufweisen und Jüngere mehr Methodenkenntnisse besitzen. Durch den Austausch dieser unterschiedlichen Kompetenzen sollten einzelne Arbeitsaufgaben effizienter erledigt werden können, da sie sich gegenseitig ergänzen und neue Bearbeitungsweisen entwickelt werden. Auch hier sollte betont werden, dass verschiedene wissenschaftliche Studien diese Prozesse nachweisen können.

**Formulierungsvorschlag zur Sensibilisierung für Heterogenität als Ressource:**

„Die Heterogenität des Alters in Teams ist bereits im beruflichen Alltag spürbar und wird in Zukunft noch weiter zunehmen. Diese Entwicklung kann auch zum Vorteil für das Team sein. Denn gerade mit dem Alter als Surface-Level-Merkmal gehen typische Eigenschaften auf dem Deep-Level einher, die für die Arbeit im Team wichtig sind. So bringt in einem altersgemischten Team jedes Mitglied je nach Alter spezifische Kenntnisse und Erfahrungen mit. Ältere haben z. B. mehr Erfahrung, Jüngere aktuelleres Methodenwissen.

Gerade bei komplexen Arbeitsaufgaben können sich diese einzelnen Kenntnisse ergänzen und auf diese Weise neue, effektivere Lösungswege gefunden werden. Zudem können Defizite einzelner Mitarbeiter ausgeglichen werden. Das heißt, der Austausch über unterschiedliche altersbedingte Fähigkeiten und Kompetenzen kann zu besseren Arbeitsergebnissen führen.

Ein solcher Austausch setzt natürlich voraus, dass die einzelnen Gruppenmitglieder altersbedingte Unterschiede in Erfahrung und Wissen auch kennen. Studien konnten zeigen, dass Menschen automatisch mit jedem Alter bestimmte Fähigkeiten in Verbindung bringen und sich auch offen darüber austauschen."

Um dieses Modell praktisch erlebbar zu machen, soll im Anschluss ein *Fallbeispiel* durchgesprochen werden. Als Fallbeispiel kann entweder ein Team eines Trainingsteilnehmers dienen, alternativ kann auf eine Vorlage zurückgegriffen werden. Einprägsamer ist in der Regel jedoch ein reales Team eines Teilnehmers. Hierzu wird zunächst die Altersverteilung im Team angesprochen und visualisiert (vgl. Abb. 15). Anschließend sollen die Teilnehmer

### Vorteile von Altersdiversität

## TEAMBESCHREIBUNG

**Alterszusammensetzung im Team:**

3 Personen: > 50

2 Personen: 30–40

**Alter (Surface-Level) → ??? (Deep-Level):**

– Ältere haben mehr Erfahrung

– Ältere haben mehr Fachwissen

– Jüngere haben mehr EDV-Kenntnisse

– Ältere gehen harmonischer/gelassener mit Kunden um; mehr Weitblick

**Nutzen der Deep-Level-Eigenschaften?**

– Austausch über Wissen, z. B. fragen Ältere Jüngere bei EDV-Problemen

**Abbildung 15:**
Visualisierung des Fallbeispiels eines Teilnehmers

im Plenum erörtern, welche altersspezifischen Fähigkeiten die einzelnen Teilnehmer haben. Letztlich sollen die Teilnehmer gemeinsam überlegen, wie sich diese Fähigkeiten ergänzen können.

Zum Abschluss dieses Blocks sollen die Teilnehmer ein *Fazit formulieren*, welches schriftlich festgehalten wird. Es sollte inhaltlich darauf hinauslaufen, dass Heterogenität deshalb eine Ressource für das Team ist, weil jeder je nach Alter etwas Neues und Individuelles an Erfahrung und Wissen einbringen kann.

### 5.1.4 Sensibilisierung für förderliche und hinderliche Rahmenbedingungen

**Teilziel 1:** Die Teilnehmer sollen reflektieren, wieso sich die Vorteile der Altersheterogenität nicht immer einstellen und welche Probleme sich stattdessen häufig in altersgemischten Teams finden lassen.

Die Teilnehmer erhalten zunächst *wissenschaftlich fundierte Befunde* zu den Problemen von Altersheterogenität. Diese stammen aus längsschnittlichen Erhebungen einer öffentlichen Landesverwaltung und bestätigen das theoretische Modell, nach dem Altersheterogenität in dem Maße, in dem sie im Fokus der Aufmerksamkeit steht (d. h. salient ist), Altersvorurteile aktiviert und zu emotionalen und aufgabenbezogenen/kognitiven Konflikten führt. Diese Konflikte beeinträchtigen die Effektivität des Teams auf verschiedenen Ebenen wie z. B. dem Teamklima, der Innovation, der Arbeitszufriedenheit oder dem Burnout. Diese negativen Effekte zeigen sich insbesondere in den Teams mit einer geringen Wertschätzung der Altersheterogenität, einem schlechten Klima für Innovationen und einer geringen Offenheit. Im Anschluss an diese Präsentation sollen die Teilnehmer gemeinsam diskutieren, ob sie in ihren *eigenen Teams* bereits altersbezogene Konflikte beobachtet haben bzw. ob sie Konflikte insbesondere dann feststellen, wenn im Team viele Altersvorurteile bestehen oder die Wertschätzung der Altersheterogenität gering ausgeprägt ist.

Zum Abschluss sollen die Teilnehmer ein *Fazit formulieren*, welches beinhalten sollte, dass Altersstereotype und Konflikte zu Problemen in altersgemischten Teams führen, während eine hohe Wertschätzung der Altersheterogenität und ein offenes Teamklima die möglichen Vorteile von Altersheterogenität wirksam werden lassen.

*Literaturempfehlungen:* Dieser Abschnitt des Trainings beruht im Wesentlichen auf den Arbeiten von Ries et al. (2010a, 2010b und 2012).

**Teilziel 2:** Die Teilnehmer sollen Ansatzpunkte identifizieren, um die Nachteile der Altersheterogenität zu verringern und die Vorteile zu vergrößern.

Mit den Teilnehmern wird im Plenum diskutiert, wieso die Führungskraft in die Prozesse im Team eingreifen sollte und wann dies geschehen sollte. Ergebnis der Diskussion sollte sein, dass es vielfache wissenschaftliche Belege für den entscheidenden Einfluss der Führungskraft auf Abläufe im Team gibt. Die Führungskraft sollte dann eingreifen, wenn sie feststellt, dass die optimalen Rahmenbedingungen für die Nutzung von Altersheterogenität als Ressource im Team nicht gegeben sind, d. h. speziell, wenn Altersvorurteile auftreten und die Wertschätzung der Altersheterogenität gering ist. Weiterhin ist aus Studien bekannt, dass alter(n)sgerechtes Führen eine bedeutsame Rolle bei der Nutzung von Altersheterogenität spielt.

## 5.2 Trainingsmodul II: Altersheterogenität als Ressource nutzen

### 5.2.1 Alter(n)sgerechtes Führen

**Ziel:** Die Teilnehmer sollen sich bewusst machen, welche Unterschiede in den Arbeitsweisen/Bedürfnissen zwischen Älteren und Jüngeren bestehen, damit sie individuell darauf eingehen und für jedes Teammitglied die optimalen Arbeitsbedingungen schaffen können.

Im Plenum sollen die Teilnehmer erörtern, was „alt" und ab wann man „alt" ist. Die Teilnehmer sollten verstehen, dass der Altersbegriff relativ zu sehen ist und beispielsweise von der Branche abhängig ist. Es gibt eine Konvention, ab wann man alt ist (genutzt werden kann z. B. die Definition der WHO mit einem Alter von 45 Jahren); diese ist aber willkürlich gesetzt.

Darauf aufbauend soll in einem zweiten Schritt betrachtet werden, was sich mit zunehmendem Alter beim Menschen verändert, insbesondere mit Blick auf arbeitsrelevante Bereiche wie Motivation, Erfahrungen und Kompetenzen, Lernfähigkeit sowie körperliche Veränderungen. Ältere haben jedoch nicht nur andere Fähigkeiten, sondern es ergeben sich daraus auch andere Ansprüche an die Arbeit. Die Arbeit sollte daher so durch die Führungskraft gestaltet werden, dass Ältere genauso leistungsfähig sein können wie Jüngere. Da Alter keine diskrete Kategorie ist, sondern sich jeder Mensch auf einem Kontinuum befindet und irgendwann in jede Altersstufe kommt, lassen sich die Unterschiede zwischen Älteren und Jüngeren am besten über die Veränderungen, die im Lauf des Alterns stattfinden, verdeutlichen. Typische Veränderungen hinsichtlich der Bereiche Gesundheit, Lernfähigkeit, Motivation und sozialer Kompetenz werden den Teilnehmern vorgestellt (vgl. Abb. 16). Es zeigt sich, dass es in jedem der Bereiche Einbußen (Pfeil nach unten) und Zugewinne (Pfeil nach oben) gibt, während sich bei einigen Aspekten auch keine Veränderungen zeigen (Pfeil nach rechts). Insgesamt kann man nicht sagen, dass Fähigkeiten und somit Leistung mit dem Alter abnehmen; statt dessen zeigen sich in jeder Altersstufe bestimmte Stärken und Schwächen.

### Soziale Kompetenzen

↘ Ehrgeiz und Konkurrenzdenken
↘ Begeisterung für Neues
↗ Verantwortungsbewusstsein
↗ Zuverlässigkeit
↗ Kommunikationsfähigkeiten
↗ Emotionsregulierung
↗ Beurteilungsvermögen
↗ Konfliktlösefähigkeiten
↗ Fähigkeit zum Perspektivenwechsel
↗ Mitgefühl, Hilfsbereitschaft
↗ Identifikation mit sozialer Umgebung, Familie, Arbeit
↗ Fähigkeit, private Schwierigkeiten von der Arbeit zu trennen
↗ Fähigkeit, eigene Gedanken realistisch einzuschätzen

**Abbildung 16:**
Visualisierung der Veränderungen mit dem Alter im Bereich soziale Kompetenzen

Trotz dieser typischen Veränderungen ist das Altern ein individueller Prozess, der durch verschiedene Faktoren wie Erbanlagen, Lebensführung, Risikofaktoren usw. bestimmt wird. Auch wenn Ältere z. B. tendenziell mehr Erfahrung haben, muss dies nicht immer so sein.

Es empfiehlt sich, nach der Erläuterung der Veränderungen mit dem Alter diese Informationen in schriftlicher und visuell aufbereiteter Form an die Teilnehmer auszuhändigen, da sie diese für die anschließende Aufgabe benötigen. In einer anschließenden Gruppenaufgabe werden Strategien diskutiert, wie Führungskräfte mit diesen altersbedingten Veränderungen umgehen.

Die Teilnehmer sollen in Gruppen erarbeiten, wie alter(n)sgerechtes Führen in der Praxis aussehen kann. Da es insgesamt vier Bereiche gibt, in denen sich bedeutsame Veränderungen mit dem Alter ergeben, empfiehlt es sich, die Teilnehmer in zwei Gruppen einzuteilen; Gruppe 1 erarbeitet alter(n)sgerechtes Führen hinsichtlich der *Gesundheit und Lernfähigkeit* und Gruppe 2 erarbeitet alter(n)sgerechtes Führen hinsichtlich der *Motivation und sozialen Kompetenz.* Um die Aufgabe zu erleichtern, sollten sich die Teilnehmer an den zuvor genannten Veränderungen mit dem Alter sowie den folgenden zwei Fragen orientieren:

- Welche Ansprüche an die Arbeit haben ein älterer und ein jüngerer Mitarbeiter vor dem Hintergrund der Veränderungen der Gesundheit/Lernfähigkeit/Motivation/sozialen Kompetenz?
- Wie kann ich als Führungskraft diesen Ansprüchen gerecht werden?

Die Gruppen sollen bezogen auf die jeweiligen Bereiche diskutieren und ihre Lösungsvorschläge auf Moderationskarten schreiben. Diese werden nach der Gruppenarbeit an das Flipchart geklebt und dem Plenum vorgestellt.

*Dauer:* ca. 30 Minuten

*Anmerkung:* Sinnvoll ist es, dass sich während der Gruppenarbeit je ein Trainer bei einer Gruppe aufhält und darauf achtet, dass sich die Lösungsvorschläge auch schnell und ohne unnötigen Aufwand im Alltag realisieren lassen (bei einem einzigen Trainer sollte dieser zwischen den beiden Gruppen wechseln).

Als Abschluss dieses Blocks sollten die Teilnehmer ein gemeinsames *Fazit formulieren*, welches beinhalten sollte, dass die Führungskraft typische Veränderungen mit dem Alter kennen sollte, um entsprechend darauf reagieren zu können. Mit diesem Block endet der erste Tag, es sollte also eine kurze *Verabschiedung* erfolgen mit einer Zusammenfassung des ersten Tages und einem Ausblick auf den kommenden Tag.

*Literaturempfehlungen:* Für diesen Teil des Trainings empfehlen wir insbesondere die Lektüre der Arbeiten von Falkenstein und Sommer (2006) sowie Mussel et al. (2009).

### 5.2.2 Altersstereotype

Mit diesem Block beginnt der zweite Tag. Er sollte also mit einer kurzen *Begrüßung* starten, in der die wesentlichen Inhalte des ersten Tages wiederholt und die Themen sowie die Agenda dieses Tages vorgestellt werden.

Sofern aus den vorherigen Blöcken noch *Fragen* aufgetreten sind, sollten diese an dieser Stelle geklärt werden.

**Ziele:** Die Teilnehmer sollen wissen, was Altersvorurteile sind und welche Probleme damit verbunden sein können. Ferner sollen sie eine Sensibilität für das Vorhandensein von Altersvorurteilen entwickeln und Strategien erarbeiten, diese abzubauen.

## 5.2.2.1 Begriffsbestimmung von Altersvorurteilen

Der Einstieg in das Thema Altersvorurteile erfolgt über eine Begriffsklärung. Die Teilnehmer werden gebeten, zunächst aus ihrer Sicht „Vorurteile" zu definieren, es sollte dann jedoch recht schnell zur wissenschaftlichen Definition übergegangen werden.

**Formulierungsvorschlag für die Bedeutung und Definition von Vorurteilen:**

„Vorurteile sind für sich genommen nicht unbedingt schlecht, sie können uns auch sehr helfen. Sie bilden sogenannte Kategorien oder Schubladen, in die wir Menschen einordnen können. Zu jeder Kategorie gehören verschiedene typische Eigenschaften. Wenn wir nun eine Person z. B. in die Kategorie „Frau" einordnen, dann schreiben wir ihr automatisch alle Eigenschaften dieser Kategorie zu. Dies kann z. B. sein, dass Frauen schwächer sind als Männer, sozialer eingestellt, Kinder kriegen können usw. Durch eine solche Zuordnung werden das Verhalten bzw. die Fähigkeiten der Person berechenbar und vorhersagbar. Durch diese Vorhersagbarkeit können wir unser Verhalten an die Person anpassen und so die Interaktion mit ihr verbessern. So wird ein Mann einer Frau wahrscheinlich eine schwere Kiste abnehmen, weil er davon ausgeht, dass sie als Frau schwächer als er selbst sein wird.

Es gibt unzählige solcher Kategorien. Menschen, denen wir zum ersten Mal begegnen, ordnen wir meist zunächst Surface-Level-Kategorien zu – d. h. sehr offensichtliche Merkmalskategorien wie Geschlecht, Alter oder Kultur.

Erst wenn wir Personen genauer kennen, unterscheiden wir weitere Kategorien, wie z. B. Berufszugehörigkeit. Im Weiteren werden wir uns aber nur mit der Alterskategorie beschäftigen. In diesem Sinne bezeichnen Altersvorurteile stabile, gleichbleibende und typische Eigenschaften, die Personen eines bestimmten Alters zugeschrieben werden. Sie helfen uns, uns in der sozialen Welt zu orientieren und die Interaktion mit den Mitmenschen zu erleichtern. So müssen wir nicht immer selbst herausfinden, was eine ältere Person kann, sondern können auf bestehende

Stereotype zurückgreifen. Der Vorteil ist, dass man Menschen gut und schnell einschätzen kann. Vorurteile – und somit auch Altersvorurteile – haben allerdings auf der anderen Seite den Nachteil, dass sich nicht alle Menschen gleich verhalten. So gibt es durchaus Frauen, die stärker als einige Männer sein können. Weiterhin haben Untersuchungen gezeigt, dass einige Vorurteile schlichtweg nicht stimmen und falsch sind."

Die theoretische Definition von Vorurteilen soll anschließend praktisch veranschaulicht werden. Hierfür werden von den Teilnehmern verschiedene Vorurteile gesammelt, die man älteren und jüngeren Mitarbeitern zuschreibt. Die Teilnehmer sollen ermuntert werden, auch von eigenen Erfahrungen zu sprechen, d. h. wann ihnen gegenüber Vorurteile geäußert wurden. In der Regel sollte das Ergebnis dieser *Altersvorurteilssammlung* sein, dass gegenüber älteren Mitarbeitern negative Vorurteile überwiegen. Es sollte vermittelt werden, dass diese Tatsache darauf zurückgeht, dass die meisten Menschen von einem Defizitmodell des Alters ausgehen. Dies bedeutet, dass mit zunehmendem Alter immer mehr Defizite und Beeinträchtigungen auftreten, z. B. eine erhöhte Krankheitsrate, Schwerhörigkeit, Sturheit und verminderte Lernfähigkeit. Studien zeigen jedoch, dass es vielmehr ein Kompetenzmodell des Alterns gibt, d. h. jede Altersstufe ist mit bestimmten Kompetenzen, aber auch Einschränkungen verbunden. So haben Ältere häufig eine höhere soziale Kompetenz, Jüngere können sich schneller mit neuen Medien auseinandersetzen.

Je nach vorhandener Zeit sollten die gesammelten Vorurteile auf ihre Richtigkeit geprüft werden. Ist die Zeit schon fortgeschritten, genügt es, sich auf einige wesentliche Vorurteile zu beschränken. In dieser *Realitätsprüfung* sollen die Teilnehmer mit Hilfe des wissenschaftlich fundierten Wissens über Veränderungen mit dem Alter diskutieren, ob die negativen Vorurteile haltbar sind.

### 5.2.2.2 Wirkungsweise von Altersvorurteilen

Nach der Auseinandersetzung mit dem Begriff der Altersvorurteile soll nun erläutert werden, welchen Teufelskreis negative Altersvorurteile auslösen und welche Probleme daraus entstehen. Altersvorurteile sind häufig negativ und führen meist zu Konflikten. Dennoch sind sie nicht immer sofort zu erkennen. Die Teilnehmer sollen daher erarbeiten, wie man Vorurteile – die innere Einstellungen darstellen – in der Sprache und im Verhalten kommunizieren kann. Auf diese Weise sollen die Teilnehmer sensitiv für im Team kursierende Altersvorurteile werden. Hierfür ist eine Gruppenarbeit vorgesehen. Voraussetzung für diese Arbeit ist jedoch die Kenntnis über die verschiedenen Kommunikationsebenen. Daher sollen die verschiedenen Ebenen der Kommunikation zunächst anhand von Beispielen (u. a. unterschiedliche Stimmlagen und Betonungen, verschiedene Haltungen und deren Wirkung) deutlich gemacht werden.

| Gruppenarbeit |
| --- |

Die Teilnehmer werden in zwei Gruppen eingeteilt. Gruppe 1 erarbeitet, welche Möglichkeiten eine Führungskraft hat, Altersvorurteile gegenüber dem Team zu kommunizieren. Gruppe 2 erarbeitet, wie sich Altersvorurteile innerhalb eines Teams äußern können. Jede Gruppe schreibt ihre Lösungen auf Moderationskarten, die anschließend dem Plenum vorgestellt werden. Am Ende der Gruppenarbeit folgt eine kurze Plenumsdiskussion, bei der die Frage geklärt werden soll, welche organisatorischen Rahmenbedingungen die Kommunikation von Altersvorurteilen begünstigen (z. B. eine Unternehmenskultur, in der Jüngere als leistungsfähiger angesehen werden).

*Dauer:* ca. 30 Minuten

*Anmerkung:* Zur Erleichterung der Gruppenaufgabe kann ein Fallbeispiel ausgehändigt werden. Die Lösungen der Teilnehmer müssen sich jedoch nicht darauf beschränken.

### 5.2.2.3 Handlungsoptionen: Altersvorurteile abbauen

Nachdem die Teilnehmer verschiedene Kommunikationswege von Altersvorurteilen aufgedeckt haben, soll es im nächsten Schritt darum gehen, Ansätze zur Reduzierung von Altersvorurteilen zu geben. Dazu werden in einer Gruppenarbeit Verhaltensweisen von Führungskräften zur Vermeidung von Altersvorurteilen erarbeitet.

| Gruppenarbeit |
| --- |

Die Teilnehmer werden in zwei Gruppen eingeteilt. Beide Gruppen bearbeiten jedoch die gleiche Aufgabe und diskutieren, was sie als Führungskräfte persönlich in ihrem Führungsverhalten ändern können, um die Kommunikation negativer Altersvorurteile zu verhindern. Jede Gruppe schreibt ihre Lösungen auf Moderationskarten, die anschließend dem Plenum vorgestellt werden.

*Dauer:* ca. 30 Minuten

*Anmerkung:* Zur Erleichterung der Gruppenaufgabe kann auf ein Fallbeispiel zurückgegriffen werden. Die Lösungen der Teilnehmer müssen sich jedoch nicht darauf beschränken.

Als Abschluss dieses Blocks formulieren die Teilnehmer ein gemeinsames *Fazit*, welches beinhalten sollte, dass Vorurteile gegenüber Älteren häufig fälschlich negativ sind und auf verschiedenste Weisen vermittelt werden können.

*Literaturempfehlungen:* Dieser Teil des Trainings ist eng mit den Arbeiten von Hummert (1999), Kite et al. (2005) und Posthuma und Campion (2009) verknüpft.

### 5.2.3 Wertschätzung von Altersheterogenität

 **Ziele:** Die Teilnehmer sollen wissen, was Wertschätzung der Altersheterogenität bedeutet und welche Probleme mit einer zu geringen Wertschätzung der Altersheterogenität verbunden sind. Ferner sollen sie eine Sensibilität für ein vermindertes Maß an Wertschätzung der Altersheterogenität entwickeln und Strategien erarbeiten, diese aufzubauen.

#### 5.2.3.1 Begriffsbestimmung von Wertschätzung von Altersheterogenität

Die Teilnehmer sollen verstehen, was die Wertschätzung der Altersheterogenität bedeutet, und zudem diesen Begriff von der Wertschätzung für eine Person differenzieren können. Der Einstieg sollte darüber erfolgen, dass die Teilnehmer selbst diskutieren, was Wertschätzung für sie umfasst (vgl. Abb. 17). Da davon auszugehen ist, dass in erster Linie Definitionsversuche der Wertschätzung für eine Person kommen, sollte schnell der Fokus auf die Wertschätzung des Alters gelegt werden (vgl. Abb. 17).

 **Formulierungsvorschlag für die Bedeutung der Wertschätzung von Altersheterogenität:**

„Der Begriff Wertschätzung kann sich auf viele verschiedene Bereiche beziehen. Wir beziehen uns aber ausschließlich auf die Wertschätzung der Altersheterogenität. Sie beginnt damit, dass man jede Altersklasse schätzt, weil jedes Alter wertvolle Ressourcen für die Arbeit mitbringt. Eine solche Haltung geht auf das sogenannte Kompetenzmodell des Alterns zurück, im Gegensatz zum Defizitmodell, das auf Altersvorurteilen beruht. Unter anderem kann man Ältere für ihre Erfahrung oder Jüngere für ihre Computerkenntnisse schätzen. Diese Wertschätzung für das Alter bedingt dann in Folge eine Wertschätzung für die Altersheterogenität, d. h. dass gerade die Zusammenarbeit von Älteren und Jüngeren geschätzt wird, weil hierdurch die Kompetenzen aller Altersklassen zusammenkommen und genutzt werden können. Eine solche Wertschätzung bezieht sich also auf das Zusammenspiel von Personen und geht über die Wertschätzung einzelner Personen hinaus."

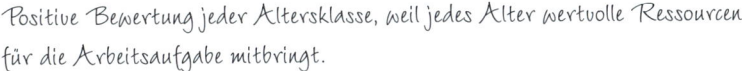

> ### Wertschätzung des Alterns
>
> Positive Bewertung jeder Altersklasse, weil jedes Alter wertvolle Ressourcen für die Arbeitsaufgabe mitbringt.
>
> → Kompetenzmodell des Alterns
>
> Man schätzt Ältere für ihre Erfahrung.
>
> Man schätzt Jüngere für ihre PC-Kenntnisse.
>
> ⇩
>
> ### Wertschätzung der Altersdiversität
>
> Positive Bewertung der Altersunterschiede im Team, weil hierdurch Ressourcen aller Altersklassen zum Tragen kommen können.
>
> → Erkennen der Vorteile von Diversität
>
> Teammitglieder erkennen und nutzen altersbezogene Ressourcen

**Abbildung 17:**
Wertschätzung des Alterns und der Altersheterogenität

## 5.2.3.2 Wirkungsweise der Wertschätzung von Altersheterogenität

Nachdem die Teilnehmer ein Grundverständnis der Wertschätzung der Altersheterogenität entwickelt haben, sollen nun die Auswirkungen einer hohen und einer niedrigen Ausprägung besprochen werden. Hierfür werden zunächst die Wirkungen einer hohen Wertschätzung der Altersheterogenität erläutert, anschließend sollen die Teilnehmer erarbeiten, wie die Wirkungen einer niedrigen Wertschätzung der Altersheterogenität ausfallen. Als Zusammenfassung beider Wirkungen sollte herauskommen, dass eine hohe Wertschätzung der Altersheterogenität die Vorteile von altersgemischten Teams wirksam werden lässt, wohingegen die Effektivität bei einer niedrigen Wertschätzung der Altersheterogenität vermindert ist.

Analog zum Vorgehen im Themenblock Altersstereotype sollen die Teilnehmer an dieser Stelle in Gruppen erarbeiten, wie man eine niedrige Wertschätzung der Altersheterogenität in Sprache und Verhalten kommunizieren kann. Hierdurch sollen die Teilnehmer ihre Wahrnehmung für Kommunikation und Verhaltensweisen, die auf eine niedrige Wertschätzung der Altersheterogenität zurückgehen, schärfen. Vor der eigentlichen Gruppenarbeit sollte noch einmal an die wesentlichen Kommunikationsebenen erinnert werden.

> ### Gruppenarbeit
>
> Die Teilnehmer werden in zwei Gruppen eingeteilt. Gruppe 1 erarbeitet, welche Möglichkeiten eine Führungskraft hat, eine niedrige Wertschätzung der Altersheterogenität gegenüber dem Team zu kommunizieren. Gruppe 2 erarbeitet, welche Möglichkeiten die Teammitglieder haben, um untereinander eine niedrige Wertschätzung der Altersheterogenität zu vermitteln. Jede Gruppe schreibt ihre Lösungen auf Moderationskarten, die anschließend dem Plenum vorgestellt und gemeinsam diskutiert werden.
>
> *Dauer:* ca. 30 Minuten
>
> *Anmerkung:* Zur Erleichterung der Gruppenaufgabe kann ein Fallbeispiel ausgehändigt werden. Die Lösungen der Teilnehmer müssen sich jedoch nicht darauf beschränken.

### 5.2.3.3 Handlungsoptionen: Wertschätzung der Altersheterogenität aufbauen

Im letzten Schritt dieses Themenblocks werden Handlungsoptionen zur Steigerung der Wertschätzung von Altersheterogenität in Teams abgeleitet. Die Grundlage dafür bietet eine ca. 30-minütige Gruppenarbeit, bei der die Teilnehmer konkrete und alltagstaugliche Handlungsstrategien erarbeiten sollen.

> ### Gruppenarbeit
>
> Die Teilnehmer werden in zwei Gruppen eingeteilt, beide bearbeiten jedoch die gleiche Aufgabe: Was kann ich als Führungskraft persönlich in meinem Führungsverhalten ändern, um die Kommunikation einer niedrigen Wertschätzung der Altersheterogenität zu verhindern und eine höhere Wertschätzung der Altersheterogenität aufzubauen? Jede Gruppe schreibt ihre Lösungen auf Moderationskarten, die anschließend dem Plenum vorgestellt werden.
>
> *Dauer:* ca. 30 Minuten
>
> *Anmerkung:* Zur Erleichterung der Gruppenaufgabe kann auf ein Fallbeispiel zurückgegriffen werden. Die Lösungen der Teilnehmer müssen sich jedoch nicht darauf beschränken.

Als Abschluss dieses Blocks sollten die Teilnehmer ein gemeinsames *Fazit* formulieren, welches beinhalten sollte, dass eine hohe Wertschätzung der

Altersheterogenität essenziell ist, um die Vorteile von Altersheterogenität zu nutzen.

*Literaturempfehlungen:* Hier ist die Arbeit von van Dick, van Knippenberg, Hägele, Guillaume und Brodbeck (2008) besonders relevant.

### 5.2.4 Feedback und Verabschiedung

Das zweitägige Training sollte mit einer *Zusammenfassung* aller Blöcke enden, die sowohl die inhaltlichen Themen als auch die von den Teilnehmern erarbeiteten Erkenntnisse umfasst. Anschließend sollten die Teilnehmer die Möglichkeit erhalten, *Fragen* zu stellen, die noch offen geblieben sind, und ein Feedback zum Training zu geben. Im *Feedback* sollte u. a. adressiert werden, was die Teilnehmer als positiv oder verbesserungswürdig empfanden, inwieweit die Informationen ausreichend waren, ob wertvolle Anregungen entstanden sind und wie der didaktische und methodische Aufbau erlebt wurde. Sofern eine *Evaluierung* des Trainings gewünscht wird, sollte an dieser Stelle daran erinnert werden, dass in einigem Abstand zum Training Nacherhebungen folgen werden anhand derselben Fragebögen, welche die Teilnehmer zu Beginn ausgefüllt haben.

| **Visualisierung mittels Trainingsprotokoll** |
|---|
| Es empfiehlt sich, ein ausführliches Protokoll des Trainings zu erstellen und den Teilnehmern später zur Verfügung zu stellen. In diesen Protokollen sollten nicht nur die allgemeinen Informationen zu den einzelnen Trainingsblöcken aufgeführt werden, sondern auch die im Training erarbeiteten Kommunikationsmöglichkeiten und Handlungsoptionen zu den drei praktischen Themen alter(n)sgerechtes Führen, Abbau von Altersvorurteilen und Aufbau von Wertschätzung der Altersheterogenität. Hierzu ist es hilfreich, direkt im Anschluss an das Training Fotos der einzelnen Metaplan-Wandpapiere und Flipcharts zu machen, die von den Teilnehmern mit gestaltet wurden. Diese können dann gemeinsam mit den allgemeinen Informationen zu einem Protokoll zusammengefasst werden. Hierdurch sollte der Transfer erleichtert werden, da die Trainingsteilnehmer sich alle wichtigen Inhalte auch einige Zeit nach dem Training noch durchlesen können. |

## 5.3 Transferworkshop

Der Transferworkshop, der ca. 3 bis 4 Monate nach dem Training durchgeführt werden sollte, dient den Teilnehmern zur Wiederholung der zentralen Inhalte und zum Erfahrungsaustausch bei der Umsetzung zentraler Trainingsinhalte. Der Aufbau des halbtägigen Workshops ist in Tabelle 10 dargestellt.

**Tabelle 10:**
Ablauf des Transferworkshops

| Zeit | Thema/Inhalte |
|---|---|
| 10:00–10:10 | Begrüßung und Einstieg |
| 10:10–10:30 | Wiederholung zentraler Trainingsinhalte |
| 10:30–11:30 | Vertiefung ausgewählter Trainingsinhalte |
| 11:30–11:45 | Kaffeepause |
| 11:45–12:00 | Zusammenfassung zentraler Handlungsoptionen |
| 12:00–13:00 | Mittagspause |
| 13:00–14:30 | Erfahrungsaustausch über die Umsetzung der Handlungsoptionen |
| 14:30–14:40 | Fazit, Feedback und Verabschiedung |

## 5.3.1 Begrüßung und Einstieg

Die Trainingsteilnehmer werden zunächst begrüßt, anschließend wird den Teilnehmern der *Zweck des Transferworkshops* erläutert und ein Überblick über den Tag gegeben. Der Zweck besteht darin, zentrale Trainingsinhalte zu wiederholen und offene Fragen zum Training zu klären. Weiterhin soll es um einen Erfahrungsaustausch über die Umsetzung einzelner Handlungs-optionen aus dem Training gehen. Um einen ehrlichen Erfahrungsaustausch zu begünstigen, ist eine vertrauensvolle Atmosphäre grundlegend. Dazu sollte bereits an dieser Stelle mit den Teilnehmern das Thema der Vertrau-lichkeit diskutiert werden und ein gemeinsames Verständnis geschaffen wer-den. Sofern *organisatorische Aspekte* zu besprechen sind, sollte dies in die-sem Block erfolgen.

## 5.3.2 Wiederholung zentraler und Vertiefung ausgewählter Trainingsinhalte

Die einzelnen Blöcke des Trainings werden nochmals wiederholt. Hierbei wird zunächst auf die Altersheterogenität eingegangen, insbesondere die Begriffsbestimmung; das Modell der Konsequenzen von Altersheterogeni-tät und das Vorgehen zur Entwicklung alter(n)sgerechten Führens werden dabei Schritt für Schritt entwickelt.

Anschließend werden die Veränderungen mit dem Alter, das Wirkungsmo-dell von Altersvorurteilen und die Wertschätzung der Altersheterogenität genauer beleuchtet. Soweit wie möglich, sollte hier das Wissen der Teilneh-

108

mer aufgegriffen werden und der Trainer nur unterstützend eingreifen. Dies kann realisiert werden, indem sich die Teilnehmer beispielsweise gegenseitig das Wirkungsmodell der Altersstereotype erklären.

An dieser Stelle sollten die Teilnehmer ausführlich Gelegenheit erhalten, offene Fragen zu stellen und einzelne Themen zu vertiefen und zu diskutieren. Da die Themen abhängig von den Interessen der Teilnehmer sind, lässt sich diese Einheit nicht detailliert vorbereiten. Der Trainer sollte die Materialien (u. a. Flipcharts) aus dem Training griffbereit haben, um auf Fragen der Teilnehmer einzugehen.

### 5.3.3 Zusammenfassung zentraler Handlungsoptionen

Im Training wurden die Erkenntnisse zu jedem Thema in Form eines Fazits formuliert. Diese Fazit-Sätze sollten zunächst wiederholt werden. Darauf aufbauend werden die Kommunikationsebenen und die wichtigsten Handlungsoptionen betrachtet, welche die Teilnehmer im Training zum alter(n)sgerechten Führen, zum Abbau von Altersvorurteilen und zum Aufbau von Wertschätzung der Altersheterogenität erarbeitet hatten. Es empfiehlt sich daher eine gründliche Nachbereitung des Trainings, um diese Einheit vorzubereiten.

### 5.3.4 Erfahrungsaustausch über die Umsetzung der Handlungsoptionen

An dieser Stelle erhalten die Teilnehmer ausführlich Gelegenheit, ihre Erfahrungen bei der Umsetzung der Trainingsinhalte und Handlungsoptionen auszutauschen und mögliche Umsetzungsprobleme zu besprechen. Der Trainer sollte den Austausch unter den Teilnehmern moderieren und ggf. mit Nachfragen oder Zusammenfassungen unterstützen.

### 5.3.5 Fazit, Feedback und Verabschiedung

Zum Abschluss des Transferworkshops werden die besprochenen Themen zusammengefasst und es wird Feedback zum Aufbau und zur Durchführung des Workshops gesammelt. Im Rahmen dieser Einheit können auch Ideen und Ansätze zur zukünftigen Unterstützung unter den Teilnehmern ausgetauscht und diskutiert werden.

# 6    Literaturempfehlungen

Kalinoski, Z. T., Steele-Johnson, D., Peyton, E. J., Leas, K. A., Steinke, J. & Bowling, N. A. (2013). A meta-analytic evaluation of diversity training outcomes. *Journal of Organizational Behavior, 34,* 1076–1104.

Schlick, C. M., Frieling, E. & Wegge, J. (2013). *Age-differentiated work systems.* Berlin: Springer.

Wegge, J., Jungmann, F., Schmidt, K.-H. & Liebermann, S. (2011). Das Miteinander der Generationen am Arbeitsplatz. *iga Report, 21,* 64–97.

# 7    Literatur

Allmendinger, J. & Ebner, C. (2006). Arbeitsmarkt und demografischer Wandel. Die Zukunft der Arbeit in Deutschland. *Zeitschrift für Arbeits- und Organisationspsychologie, 50,* 227–239. http://doi.org/10.1026/0932-4089.50.4.227

Baltes, P.B. & Baltes, M.M. (1989). Optimierung durch Selektion und Kompensation: Ein psychologisches Modell erfolgreichen Alterns. *Zeitschrift für Pädagogik, 35,* 85–105.

Bell, S.T. (2007). Deep-level composition variables as predictors of team performance: A meta-analysis. *Journal of Applied Psychology, 92,* 595–615. http://doi.org/10.1037/0021-9010.92.3.595

Bell, S.T., Villado, A.J., Lukasik, M.A., Belau, L. & Briggs, A.L. (2011). Getting specific about demographic diversity variable and team performance relationships: A meta-analysis. *Journal of Management, 37,* 709–743. http://doi.org/10.1177/0149206310365001

Bezrukova, K., Jehn, K.A. & Spell, C.S. (2012). Reviewing diversity training: Where we have been and where we should go. *Academy of Management Learning and Education, 11,* 207–227. http://doi.org/10.5465/amle.2008.0090

Bilinska, P., Grellert, F. & Wegge, J. (2014). Junge Hüpfer führen alte Haudegen: Alles eine Frage der Kompetenz? *Personal Quarterly, 66,* 22–27.

Blekesaune, M. & Solem, P.E. (2005). Working conditions and early retirement. *Research on Aging, 27,* 3–30. http://doi.org/10.1177/0164027504271438

Breu, C., Wegge, J. & Schmidt, K.H. (2010). Alters-, Geschlechts- und „Tenure"-diversität in Verwaltungsteams – Erklären Faultlines mehr Varianz bei Teamkonflikten und Burnout als traditionelle Diversitätsindikatoren? *Zeitschrift für Arbeitswissenschaft, 64,* 174–159.

Brodbeck, F., Anderson, N. & West, M. (2001). *Teamklima Inventar (TKI).* Hogrefe: Göttingen.

Carstensen, L.L. (2006). The influence of a sense of time on human development. *Science, 312,* 1913–1915. http://doi.org/10.1126/science.1127488

Chasteen, A.L. (2005). Seeing eye-to-eye: Do intergroup biases operate similarly for younger and older adults? *International Journal of Aging and Human Development, 61,* 123–139. http://doi.org/10.2190/07Q7-BWYT-NC9E-51FX

Collatz, A. & Gudat, K. (2011). *Work-Life-Balance.* Hogrefe: Göttingen.

Demerouti, E., Bakker, A.B., Geurts, S.A.E. & Taris, T.W. (2009). *Research in Occupational Stress and Well-being.* Bingley: Emerald Group Publishing. http://doi.org/10.1108/S1479-3555(2009)0000007006

deWitt, F.R.C., Greer, L.L. & Jehn, K.A. (2012). The paradox of intragroup conflict: A meta-analysis. *Journal of Applied Psychology, 97,* 360–390. http://doi.org/10.1037/a0024844

Dworschak, B., Buck, H., Nübel, L. & Weiß, M. (2012). *Innovationsmanagement mit allen Arbeitsgruppen.* Stuttgart: Frauenhofer Verlag.

Eberhardt, D. & Meyer, M. (2011). *Mit Führung den demografischen Wandel gestalten.* München: Hampp.

Elovainio, M., Forma, P., Kivimäki, M., Sinervo, T., Sutinen, R. & Laine, M. (2005). Job demands and job control's correlates of early retirement thoughts in Finnish social and health care employees. *Work and Stress, 19,* 84–92. http://doi.org/10.1080/02678370500084623

Engeser, M. (2011). Starke, nicht starre Kulturen schaffen. *Wirtschaftswoche, 22,* 96–100.

Falkenstein, M. (2013). Menschengerechtes Arbeiten für ältere Beschäftigte. *BPUVZ – Zeitschrift für betriebliche Prävention und Unfallversicherung* (4), 210–215.

Falkenstein, M. & Sommer, S. (2006). Von wegen altes Eisen. *Gehirn & Geist, 3,* 14–21.

Frink, D. D., Robinson, R. K., Reithel, B., Arthur, M. M., Ammeter, A. P., Ferris, G. R. et al. (2003). Gender demography and organization performance. *Group & Organization Management, 28,* 127–147. http://doi.org/10.1177/1059601102250025

Fritzsche, L. Wegge, J., Schmauder, M., Kliegel, M. & Schmidt, K. H. (2014). Good ergonomics and team diversity reduce absenteeism and errors in car manufacturing. *Ergonomics, 57,* 148–161. http://doi.org/10.1080/00140139.2013.875597

Furunes, T. & Mykletun, R. J. (2010). Age Discrimination in the Workplace: Validation of the Nordic Age Discrimination Scale (NADS). *Scandinavian Journal of Psychology, 51,* 23–30. http://doi.org/10.1111/j.1467-9450.2009.00738.x

Gebert, D. (2004). *Innovation durch Teamarbeit.* Stuttgart: Kohlhammer.

Gladstein Ancona, D. G. & Caldwell, D. F. (1992). Demography and design: Predictors of new product team performance. *Organization Science, 3,* 321–341. http://doi.org/10.1287/orsc.3.3.321

Grube, A. & Hertel, G. (2008). Altersbedingte Unterschiede in Arbeitsmotivation, Arbeitszufriedenheit und emotionalem Erleben während der Arbeit. *Wirtschaftspsychologie, 10,* 18–29.

Guillaume, Y. R. F., Brodbeck, F. C. & Riketta, M. (2012). Surface- and deep-level dissimilarity effects on social integration and individual effectiveness related outcomes in work groups: A meta-analytic integration. *Journal of Occupational and Organizational Psychology, 85,* 80–115. http://doi.org/10.1111/j.2044-8325.2010.02005.x

Guillaume, Y. R. F., Dawson, J. F., Priola, V., Sacramento, C. A., Woods, S. A., Hogson, H. E. et al. (2014). Managing diversity in organizations: An integrative model and agenda for future research. *European Journal of Work and Organizational Psychology, 23,* 783–802. http://doi.org/10.1080/1359432X.2013.805485

Harrison, D. A. & Klein, K. J. (2007). What's the difference? Diversity constructs as separation, variety, and disparity in organizations. *Academy of Management Review, 32,* 1199–1228. http://doi.org/10.5465/AMR.2007.26586096

Harrison, D. A., Price, K. H. & Bell, M. P. (1998). Beyond relational demography: Time and the effects of surface- and deep-level diversity on work group cohesion. *Academy of Management Journal, 41,* 96–107. http://dx.doi.org/10.2307/256901

Haslam, S. A. (2004). *Psychology in organizations: The social identity approach* (2nd ed.). London: Sage.

Haslam, S. A., Eggins, R. A. & Reynolds, K. J. (2003). The ASPIRe model: Actualizing social and personal identity resources to enhance organizational outcomes. *Journal of Occupational and Organizational Psychology, 76,* 83–113. http://dx.doi.org/10.1348/0963 17903321208907

Hays-Thomas, R. & Bendick, M. (2013). Professionalyzing diversity and inclusion practice: Should voluntary standards be the chicken or the egg? *Industrial and Organizational Psychology, 6,* 193–205. http://doi.org/10.1111/iops.12033

Hertel, G., Thielgen, M., Rauschenbach, C., Grube, A., Stampov-Roßnagel, C. & Krumm, S. (2013). Age differences in motivation and stress at work. In C. M. Schlick, E. Frieling & J. Wegge (Eds.), *Age-differentiated work systems* (pp. 119–148). Berlin: Springer.

Homan, A. C., van Knippenberg, D., van Kleef, D. A. & de Dreu, C. K. W. (2007). Bridging faultlines by valuing diversity: Diversity beliefs, information elaboration, and performance in diverse work group. *Journal of Applied Psychology, 92,* 1189–1199. http://doi.org/10.1037/0021-9010.92.5.1189

112

Hülsheger, U. R., Anderson, N. & Salgado, J. F. (2009). Team-level predictors of innovation at work: A comprehensive meta-analysis spanning three decades of research. *Journal of Applied Psychology, 94,* 1128–1145. http://doi.org/10.1037/a0015978

Hummert, M. L. (1999). A social cognitive perspective on age stereotypes. In T. M. Hess (Ed.), *Social cognition and aging* (pp. 175–196). San Diego, CA: Academic Press.

Ilmakunnas, P. & Ilmakunnas, S. (2011). Diversity at the workplace: Whom does it benefit? *De Economist, 159,* 223–255. http://doi.org/10.1007/s10645-011-9161-x

Inceoglu, I., Seger, J. & Bartram, D. (2012). Age-related differences in work motivation. *Journal of Occupational and Organizational Psychology, 85,* 300–329. http://doi.org/10.1111/j.2044-8325.2011.02035.x

Jackson, S. E. & Joshi, A. (2011). Work team diversity. In S. Zedeck (Ed.), *APA Handbook of Industrial and Organizational Psychology* (pp. 651–686). Washington, DC: American Psychological Association.

Jehn, D. A. & Bezrukova, K. (2010). The faultline activation process and the effects of activated faultlines on coalition, conflict, and group outcomes. *Organizational Behavior and Human Decision Processes, 112,* 24–42. http://doi.org/10.1016/j.obhdp.2009.11.008

Jones, M. K., Latreille, P. L., Sloane, P. J. & Staneva, A. V. (2013). Work-related health risks in Europe: Are older workers more vulnerable? *Social Science & Medicine, 88,* 18–29. http://doi.org/10.1016/j.socscimed.2013.03.027

Joshi, A. & Roh, H. (2009). The role of context in work team diversity research: A meta-analytic review. *Academy of Management Journal, 52,* 599–627. http://doi.org/10.5465/AMJ.2009.41331491

Jungmann, F., Wegge, J., Liebermann, S. C., Ries, B. C. & Schmidt, K.-H. (in revision). *Improving team functioning in age diverse teams: Conceptualization and evaluation of a supervisor training.*

Jungmann, F., Bilinska, P. & Wegge, J. (2015). Alter(n)sgerechte Führung. In J. Felfe (Hrsg.), *Trends der psychologischen Führungsforschung – Neue Konzepte, Methoden und Erkenntnisse* (S. 467–479). Göttingen: Hogrefe.

Kalinoski, Z. T., Steele-Johnson, D., Peyton, E. J., Leas, K. A., Steinke, J. & Bowling, N. A. (2013). A meta-analytic evaluation of diversity training outcomes. *Journal of Organizational Behavior, 34,* 1076–1104. http://doi.org/10.1002/job.1839

Kanfer, R. & Ackerman, P. L. (2004). Ageing, adult development and work motivation. *Academy of Management Review, 29,* 440–458. http://doi.org/10.5465/AMR.2004.13670969

Kalev, A., Dobbin, F. & Kelly, E. (2006). Best practices or best guesses? Assessing the efficacy of corporate affirmative action and diversity policies. *American Sociological Review, 71,* 589–617. http://doi.org/10.1177/000312240607100404

Kaufmann, M. (2011). Vielfalt in Unternehmen. *Spiegel Online* (1. Juni).

Kelly, J. R. & Barsade, S. G. (2001). Mood and emotions in small groups and work teams. *Organizational Behavior and Human Decision Processes, 86,* 99–130. http://doi.org/10.1006/obhd.2001.2974

Kessler, E-M., Rakoczy, K. & Staudinger, U. M. (2004). The portrayal of older people in prime time television series: the match with gerontological evidence. *Aging and Society, 24,* 531–552. http://doi.org/10.1017/S0144686X04002338

Kite, M. E., Stockdale, G. D., Whitley, B. E. & Johnson, B. T. (2005). Attitudes toward younger and older adults: An updated meta-analytic review. *Journal of Social Issues, 61,* 241–266. http://doi.org/10.1111/j.1540-4560.2005.00404.x

Kluge, A., Fröhlich, O. & Krings, F. (2008). Altersdiskrimierung und das AGG. *Wirtschaftspsychologie, 10,* 129–139.

Knauth, P., Karl, D. & Gimpel, K. (2013). Development and Evaluation of Working-Time Models for the Aging Workforce: Lessons Learned from the KRONOS Research Project. In C. M. Schlick, E. Frieling & J. Wegge (Hrsg.), *Age-Differentiated Work Systems* (S. 45–63). Berlin: Heidelberg.

Kooij, D. T. A. M., De Lange, A. H., Jansen, P. G. W., Kanfer, R. & Dikkers, J. S. E. (2011). Age and work-related motives: Results of a meta-analysis. *Journal of Organizational Behavior, 32,* 197–225. http://doi.org/10.1002/job.665

Kramer, U. (2003). AGEISMUS – Zur sprachlichen Diskriminierung des Alters. In R. Fiehler & C. Thimm (Hrsg.), *Sprache und Kommunikation im Alter* (S. 257–277). Radolfzell: Verlag für Gesprächsforschung.

Kruse, A. & Rudinger, G. (1997). Lernen und Leistung im Erwachsenenalter. In F. E. Weinert & H. Mandl (Hrsg.), *Psychologie der Erwachsenenbildung* (Enzyklopädie der Psychologie, Serie Pädagogische Psychologie, Bd. 4, S. 46–86). Göttingen: Hogrefe.

Kunze, F., Boehm, S. A. & Bruch, H. (2011). Age diversity, age discrimination climate and performance consequences – a cross organizational study. *Journal of Organizational Behavior, 32,* 264–290. http://doi.org/10.1002/job.698

Kuoppala, J., Lamminpää, A., Liira, J. & Vainio, H. (2008). Leadership, job well-being, and health effects. A systematic review and a meta-analysis. *Journal of Occupational & Environmental Medicine, 50,* 904–915. http://doi.org/10.1097/JOM.0b013e31817e918d

Langhoff, T. (2009). *Den demografischen Wandel im Unternehmen erfolgreich gestalten.* Springer: Heidelberg. http://doi.org/10.1007/978-3-642-01242-6

Lau, D. & Murnighan, J. K. (1998). Demographic diversity and faultlines: The compositional dynamics of organisational groups. *Academy of Management Review, 23,* 325–340. http://doi.org/10.2307/259377

Liebermann, S. & Wegge, J. (2010). Subjektive Gesundheit beim Übergang in den Ruhestand. In S. Hoffmann & S. Müller (Hrsg.), *Gesundheitsmarketing: Gesundheitspsychologie und Prävention* (S. 167–181). Bern: Huber.

Liebermann, S., Wegge, J., Jungmann, F. & Schmidt, K.-H. (2013). Age diversity and individual team member health: The moderating role of age and age stereotypes. *Journal of Occupational and Organizational Psychology, 86,* 184–202. http://doi.org/10.1111/joop.12016

Lindsey, A., King, E., McCausland, T., Jones, K. & Dunleavy, E. (2013). What we know and don't: Eradicating employment discrimination 50 years after the civil rights act. *Industrial and Organizational Psychology, 6,* 391–413. http://doi.org/10.1111/iops.12075

Locke, E. A. & Latham, G. P. (2006). New directions in goal setting theory. *Current Directions in Psychological Science, 15,* 265–268. http://doi.org/10.1111/j.1467-8721.2006.00449.x

Mathieu, J. E., Tannenbaum, S. I., Donsbach, J. S. & Alliger, G. M. (2014). A review and integration of team composition models: Moving toward a dynamic and temporal framework. *Journal of Management, 40,* 130–160. http://dx.doi.org/10.1177/0149206313503014

McEvoy, G. M. & Cascio, W. F. (1989). Cumulative evidence of the relationship between employee age and job performance. *Journal of Applied Psychology, 74,* 11–17. http://doi.org/10.1037/0021-9010.74.1.11

McGarry, K. (2002). Guaranteed income. In M. Feldstein & J. B. Liebman (Eds.), *The distributional aspects of social security and social security reform* (pp. 49–84). Chicago, IL: University of Chicago Press.

Mesmer-Magnus, J. R. & DeChurch, L. A. (2009). Information sharing and team performance: A meta-analysis. *Journal of Applied Psychology, 94,* 535–546. http://doi.org/10.1037/a0013773

Meyer, B. & Glenz, A. (2013). Team Faultline measures: A computaional comparison and a new approach to multiple subgroups. *Organizational Research Methods, 16,* 393–424. http://doi.org/10.1177/1094428113484970

Meyer, B., Shemla, M. & Schermuly, C. C. (2011). Social category salience moderates the effect of diversity faultlines on information elaboration. *Small Group Research, 42,* 257–282. http://doi.org/10.1177/1046496411398396

Müller, A., Weigl, M., Heiden, B., Herbig, B., Glase, J. & Angerer, P. (2013). Selection, optimization, and compensation in nursing: Exploration of job-specific strategies, scale development, and age-specific associations to work ability. *Journal of Advanced Nursing, 67,* 1630–1642. http://doi.org/10.1111/jan.12026

Müller, C., Klinger, C., Curth, S., Stracke, S., Reinke, S. & Nerdinger, F. W. (2013). *Personalarbeit im demografischen Wandel.* Rostock: Universität Rostock.

Mussel, P., von der Bruck, H. & Schuler, H. (2009). Altersbedingte Veränderungen differentieller Merkmale: Bedeutsamkeit für den beruflichen Wiedereinstieg älterer Erwerbspersonen. *Zeitschrift für Personalpsychologie, 8,* 117–128. http://doi.org/10.1026/1617-6391.8.3.117

Ng, T. W. H. & Feldman, D. C. (2008). The relationship of age to ten dimensions of job performance. *Journal of Applied Psychology, 93,* 392–423. http://doi.org/10.1037/0021-9010.93.2.392

Ng, T. W. H. & Feldman, D. C. (2010). The relationship of age with job attitudes. *Personnel Psychology, 63,* 677–718. http://doi.org/10.1111/j.1744-6570.2010.01184.x

Ng, T. W. H. & Feldman, D. C. (2012). Evaluating six common stereotypes about older workers with meta-analytical data. *Personnel Psychology, 65,* 821–858. http://doi.org/10.1111/peps.12003

Ng, T. W. H. & Feldmann, D. C. (2013a). Does longer job tenure help or hinder performance? *Journal of Vocational Behavior, 83,* 305–314. http://doi.org/10.1016/j.jvb.2013.06.012

Ng, T. W. H. & Feldmann, D. C. (2013b). Employee age and health. *Journal of Vocational Behavior, 83,* 336–345. http://doi.org/10.1016/j.jvb.2013.06.004

O'Brien, L. & Hummert, M. L. (2006). Age self-stereotyping, stereotype threat, and memory performance in late middle-aged adults. *Social Cognition, 24,* 338–358. http://doi.org/10.1521/soco.2006.24.3.338

Pangert, B. & Schüpbach, H. (2013). *Die Auswirkungen arbeitsbezogener erweiterter Erreichbarkeit auf Life-Domain Balance und Gesundheit.* Dortmund: Bundesanstalt für Arbeitsschutz und Arbeitsmedizin.

Park, T. & Shaw, J. D. (2013). Turnover rates and organizational performance: A meta-analysis. *Journal of Applied Psychology, 98,* 268–309. http://doi.org/10.1037/a0030723

Peter, R. & Hasselhorn, H. M. (2013). Arbeit, Alter, Gesundheit und Erwerbsteilhabe. *Bundesgesundheitsblatt, 56,* 415–421. http://doi.org/10.1007/s00103-012-1615-z

Posthuma, R. A. & Campion, M. A. (2009). Age stereotypes in the workplace: Common stereotype, moderators, and future research directions. *Journal of Management, 35,* 158–188. http://doi.org/10.1177/0149206308318617

Prognos. (2012). *Instrumentenkasten für eine altersgerechte Arbeitswelt in KMU (Forschungsbericht Arbeitsmarkt 424).* Berlin: Bundesministerium für Arbeit und Soziales.

Randel, A. E. (2002). Identity salience: A moderator of the relationship between group gender composition and work group conflict. *Journal of Occupational Behavior, 23,* 749–766. http://doi.org/10.1002/job.163

Rhodes, M. G. (2004). Age-related differences in performance on the Wisconsin Card Sorting Test: A meta-analytic review. *Psychology and Aging, 19,* 482–494. http://doi.org/10.1037/0882-7974.19.3.482

Ries, B.C., Diestel, S., Wegge, J. & Schmidt, K.-H. (2010a). Die Rolle von Alterssalienz und Konflikten in Teams als Mediatoren der Beziehung zwischen Altersheterogenität und Gruppeneffektivität. *Zeitschrift für Arbeitswissenschaft und Organisationspsychologie, 54,* 117–130. http://doi.org/10.1026/0932-4089/a000022

Ries, B.C., Diestel, S., Wegge, J. & Schmidt, K.-H. (2010b). Altersheterogenität und Gruppeneffektivität – Die moderierende Rolle des Teamklimas. *Zeitschrift für Arbeitswissenschaft, 64,* 137–146.

Ries, B.C., Diestel, S., Wegge, J. & Schmidt, K-H. (2012). Altersheterogenität und Gruppeneffektivität: Der Einfluss von Konflikten und Wertschätzung für Altersheterogenität. *Zeitschrift für Arbeitswissenschaft, 66,* 58–71.

Ries, B.C., Diestel, S., Shemla, M., Liebermann, S.C., Jungmann, F. Wegge, J. & Schmidt, H.-H. (2013). Age diversity and team effectiveness. In C.M. Schlick, E. Frieling & J. Wegge (Eds.), *Age-differentiated work systems* (pp. 89–118). Berlin: Springer.

Röhr-Sendlmeier, U.M. & Ueing, S. (2004). Das Altersbild in der Anzeigenwerbung im zeitlichen Wandel. *Zeitschrift für Gerontologie und Geriatrie, 37,* 56–62. http://doi.org/10.1007/s00391-004-0168-7

Roth, C., Wegge, J. & Schmidt, K.-H. (2007). Konsequenzen des demografischen Wandels für das Management von Humanressourcen. *Zeitschrift für Personalpsychologie, 6,* 99–116. http://doi.org/10.1026/1617-6391.6.3.99

Rüdiger, H.W. (2009). Ältere am Arbeitsplatz. In S. Letzel & D. Nowak (Hrsg.), *Handbuch der Arbeitsmedizin (B VI-2).* Landsberg: Ecomed.

Sacco, J.M. & Schmitt, N. (2005). A dynamic multilevel model of demographic diversity and misfit effects. *Journal of Applied Psychology, 90,* 203–231. http://doi.org/10.1037/0021-9010.90.2.203

Schmidt, K.-H. & Wegge, J. (2009). Altersheterogenität in Arbeitsgruppen als Determinante von Gruppenleistung und Gesundheit. In A. Dehmel, H. Kremer, N. Schaper & F.E. Sloane (Hrsg.), *Bildungsperspektiven in alternden Gesellschaften* (S. 169–183). Frankfurt: Lang.

Schneider, N., Wilkes, J., Grandt, M. & Schlick, C.M. (2008). Altersgerechte Individualisierung der Mensch-Rechner-Schnittstelle? *Wirtschaftspsychologie, 10,* 106–119.

Schlick, C.M., Frieling, E. & Wegge, J. (2013). *Age-differentiated work systems.* Berlin: Springer. http://doi.org/10.1007/978-3-642-35057-3

Schlick, C.M., Vetter, S., Bützler, J. Jochems, N. & Mütze-Niewöhner, S. (2013). Ergonomic design of human-computer interfaces for ageing users. In C.M. Schlick, E. Frieling & J. Wegge (Eds.), *Age-differentiated work systems* (pp. 347–368). Berlin: Springer.

Shemla, M., Meyer, B., Greer, L.L. & Jehn, K.A. (2015). A review of perceived diversity in teams: Does how members perceive their team's composition impact team processes and outcomes? *Journal of Organizational Behavior.*

Sonnentag, S. & Fritz, C. (2007). The Recovery Experience Questionnaire: development and validation of a measure for assessing recuperation and unwinding from work. *Journal of Occupational Health Psychology, 12,* 204–221. http://doi.org/10.1037/1076-8998.12.3.204

Sonntag, K.-H. & Stegmaier, R. (2007). Personale Förderung älterer Arbeitnehmer. In H. Schuler & K.H. Sonntag (Hrsg.), *Handbuch der Arbeits- und Organisationspsychologie* (S. 662–667). Göttingen: Hogrefe.

Stahl, G.K., Maznevski, M.L., Voigt, A. & Jonson, K. (2010). *Unraveling the effects of cultural diversity in teams: A meta-analysis of research on multicultural work groups Journal of International Business Studies, 41,* 690–709.

Statistisches Bundesamt (Hrsg.). (2009). *Bevölkerung Deutschlands bis 2060. 12. koordinierte Bevölkerungsvorausberechnung.* Wiesbaden: Statistisches Bundesamt.

Statistisches Bundesamt (2011). *Bevölkerungs- und Haushaltentwicklung im Bund und in*

116

*den Ländern* (Demographischer Wandel in Deutschland, Heft 1). Wiesbaden: Statistisches Bundesamt.

Statistisches Bundesamt (2012). *Geburten in Deutschland* [Broschüre]. Wiesbaden: Statistisches Bundesamt.

Steffens, N., Shemla, M., Wegge, J. & Diestel, S. (2014). Organizational tenure and employee performance: A multi-level analysis. *Group and Organization Management, 36,* 664–690.

Streb, C. K., Voelpel, S. C. & Leibold, M. (2008). Managing the aging workforce: Status quo and implications for the advancement of theory and practice. *European Management Journal, 26,* 1–10.

Stumpf, S. & Thomas, A. (2000). *Diversity and group effectiveness.* Lengerich: Pabst.

Thatcher, S. M. B. & Patel, P. C. (2011). Demographic faultlines: A meta-analysis of the literature. *Journal of Applied Psychology, 96,* 1119–1139. http://doi.org/10.1037/a0024167

Tuomi, K., Ilmarinen, J., Martikainen, R., Aalto, L. & Klockars, M. (1997). Aging, work, life-style and work ability among Finnish municipal workers in 1981–1992. *Scandinavian Journal of Work, Environment & Health, 23,* 58–65.

van Dick, R., van Knippenberg, D., Hägele, S., Guillaume, Y. R. F. & Brodbeck, F. C. (2008). Group diversity and group identification: The moderating role of diversity beliefs. *Human Relations, 61,* 1463–1492. http://doi.org/10.1177/0018726708095711

van Dijk, H., van Engen, M. L. & van Knippenberg, D. (2012). Defying conventional wisdom: A meta-analytical examination of the differences between demographic and job-related diversity relationships with performance. *Organizational Behavior and Human Decision Processes, 119,* 38–53. http://doi.org/10.1016/j.obhdp.2012.06.003

van Knippenberg, D., de Dreu, C. K. W. & Homan, A. C. (2004). Work group diversity and group performance: An integrative model and research agenda. *Journal of Applied Psychology, 89,* 1008–1022. http://doi.org/10.1037/0021-9010.89.6.1008

Vedder, G. (2006). (Hrsg.). *Diversity-orientiertes Personalmanagement.* München: Hampp.

Waldman, D. A. & Avolio, B. J. (1986). A meta-analysis of age differences in job performance. *Journal of Applied Psychology, 71,* 33–38. http://doi.org/10.1037/0021-9010.71.1.33

Warr, P. (2001). Age and work behaviour: physical attributes, cognitive abilities, knowledge, personality traits and motives. *International Review of Industrial and Organizational Psychology, 16,* 1–36.

Wegge, J. (2003). Heterogenität und Homogenität in Gruppen als Chance und Risiko für die Gruppeneffektivität. In S. Stumpf & A. Thomas (Hrsg.), *Teamarbeit und Teamentwicklung* (S. 119–141). Göttingen: Hogrefe.

Wegge, J. (2004). *Führung von Arbeitsgruppen.* Göttingen: Hogrefe.

Wegge, J. (2014). Gruppenarbeit und Management von Teams. In H. Schuler & U. P. Kanning (Hrsg.), *Lehrbuch der Personalpsychologie* (3. Aufl., S. 933–983). Göttingen: Hogrefe.

Wegge, J., Frieling, E. & Schmidt, K.-H. (2008). Alter und Arbeit. *Wirtschaftspsychologie, 10,* (3).

Wegge, J. & Jungmann, F. (2015). Erfolgsfaktoren der Zusammenarbeit von Jung und Alt im Team. *Informationsdienst Altersfragen, 42,* 3–9.

Wegge, J., Jungmann, F., Liebermann, S., Shemla, M., Ries, B. C., Diestel, S. & Schmidt, K.-H. (2012). What makes age diverse teams effective? Results from a six-year research program. *Work, 41,* 5145–5151.

Wegge, J., Jungmann, F., Schmidt, K.-H. & Liebermann, S. (2011). Das Miteinander der Generationen am Arbeitsplatz. *iga Report, 21,* 64–97.

Wegge, J., Roth, C., Neubach, B., Schmidt, K.-H. & Kanfer, R. (2008). Age and gender diversity as determinants of performance and health. The role of task complexity and group size. *Journal of Applied Psychology, 93,* 1301–1313. http://doi.org/10.1037/a0012680

Wegge, J., Schmidt, K.-H., Liebermann, S. & van Knippenberg, D. (2011). Jung und alt in einem Team? Altersgemischte Teamarbeit erfordert Wertschätzung von Altersdiversität. In P. Gellèri &. C. Winter (Hrsg.), *Potenziale der Personalpsychologe. Einfluss personaldiagnostischer Maßnahmen auf den Berufs- und Unternehmenserfolg* (S. 35–46). Göttingen: Hogrefe.

Wegge, J., Schmidt, K.-H., Piecha, A., Ellwart, T. Jungmann, F. & Liebermann, S. (2012). Führung im demografischen Wandel. *Report Psychologie, 37,* 344–354.

Wegge, J. & Shemla, M. (2013). Diversity-Management. In W. Sarges (Hrsg.), *Management-Diagnostik* (4. Aufl., S. 147–155). Göttingen: Hogrefe.

Wegge, J., Shemla, M. & Haslam, S.A. (2014). Leader behavior as a determinant of health at work: Specification and evidence of five key pathways. *German Journal of Research in Human Resource Management, 28,* 6–23.

Wendsche, J. (in Vorb.). *Gesundheitsförderung und Leistungsoptimierung durch psychologisch fundierte Pausengestaltung.* Göttingen: Hogrefe.

Wolfson, N.E., Cavanagh, T.M. & Kraiger, K. (2014). Older adults and technology-based instruction: Optimizing learning outcomes and transfer. *Academy of Management Learning and Education, 13,* 26–44. http://doi.org/10.5465/amle.2012.0056

Zacher, H., Degner, M., Seevaldt, R., Frese, M. & Lüdde, J. (2009). Was wollen jüngere und ältere Erwerbstätige erreichen? Altersbezogene Unterschiede in den Inhalten und Merkmalen beruflicher Ziele. *Zeitschrift für Personalpsychologie, 8,* 191–200. http://doi.org/10.1026/1617-6391.8.4.191

Zwick, T., Göbel, C. & Fries, J. (2013). Age-differentiated work systems enhance productivity and retention of old employees. In C.M. Schlick, E. Frieling & J. Wegge (Eds.). *Age-differentiated work systems* (pp. 25–44). Berlin: Springer. http://dx.doi.org/10.1007/978-3-642-35057-3_2

## Auswertung des Wissenstests zum Thema „Älter werden" (Einsteckkarte)

*Variante 1:* Die Befragten können selbst einen Summenwert der richtigen/falschen Antworten bilden. Hierzu ist folgender Auswertungsschlüssel anzuwenden: Gerade Fragen treffen zu, ungerade Fragen treffen nicht zu.

*Variante 2:* Zur direkten Visualisierung der Vorurteile in der Gruppe kann man alle Personen abwechselnd bitten, zu jeder Frage aufzustehen bzw. sich wieder hinzusetzen, wenn Sie zustimmen (nicht zustimmen). Dann ist nach jeder Aktion die richtige Antwort zu geben und kurz zu begründen (vgl. die angegebenen Quellen zum Wissenstest).